问 天 科 学
（第 2 辑）

南京航空航天大学科学技术协会　编

科学出版社

北　京

内 容 简 介

"问天科学讲坛"是南京航空航天大学 60 周年校庆之际由南京航空航天大学科学技术协会创办的科学讲坛。该讲坛邀请校内外不同领域的院士，以科普讲座的形式为广大师生传道解惑。旨在借助院士前沿的科学知识和信息资源，将先进的科学知识以及科学理念传递给学生和社会公众，最大化地传播科学思想和科学前沿技术，引导广大科研工作者继续深入研究航空航天科学技术，同时引导更多的读者关注我国航空航天事业的发展。

本书是从 2017~2021 年"问天科学讲坛"选出 9 位航空航天领域的院士报告结集而成，包括：郭万林院士"航空航天与智能时代：21 世纪的科学问题"；刘大响院士"国之重器，创新发展"；叶培建院士"深空探测人工智能技术应用与发展策略"；樊邦奎院士"低空网络与无人机"；柴天佑院士"工业人工智能发展方向"；郑纬民院士"分布式文件系统 MadFS 的研制"；常进院士"空间探测暗物质粒子"；苏东林院士"从电磁兼容到电磁安全"；赵淳生院士"奋进新时代，开启新征程 攀登航天科技新高峰"。

本书适合航空航天领域的科研工作者以及对航空航天知识感兴趣的读者群体阅读。

图书在版编目(CIP)数据

问天科学. 第 2 辑/南京航空航天大学科学技术协会编. —北京: 科学出版社, 2022.9
 ISBN 978-7-03-073096-1

Ⅰ. ①问… Ⅱ. ①南… Ⅲ. ①航空航天工业-科学技术-文集 Ⅳ. ①V1-53

中国版本图书馆 CIP 数据核字 (2022) 第 163914 号

责任编辑：惠 雪/责任校对：彭珍珍
责任印制：张 伟/封面设计：许 瑞

科 学 出 版 社 出版
北京东黄城根北街 16 号
邮政编码：100717
http://www.sciencep.com
天津市新科印刷有限公司 印刷
科学出版社发行 各地新华书店经销
*
2022 年 9 月第 一 版 开本：720×1000 1/16
2023 年 4 月第二次印刷 印张：12 1/4 插页：5
字数：116 000
定价：89.00 元
(如有印装质量问题，我社负责调换)

序

　　探索浩瀚宇宙，发展航天事业，是我们不懈追求的航天梦。在习近平总书记"坚持科技自立自强""加快建设航天强国"的号召下，我国航天事业发展突飞猛进：从"地月系"到"行星际"，从"嫦娥五号"探测器成功登月到完成"绕、落、回"三步走，从自主研发的中国空间站"天和号"核心舱发射成功到"祝融号"探测车着陆火星，中华民族"可上九天揽月"的豪情正逐渐变成现实，充分体现了我国的科研实力和综合国力。

　　作为新中国自己创办的第一批航空高等院校之一，南京航空航天大学始终秉承"航空报国"的办学传统，践行"航天强国"的时代感召，培养具有责任意识、创新精神、国际视野、人文情怀的社会栋梁和工程英才，参与我国几乎所有航空重要型号的预研、技术攻关、试验研究，为我国航空航天事业发展做出了重要贡献。在南京航空航天大学建校 60 周年之际，校科学技术协会创办"问天科学讲坛"，邀请院士专家为南航学子传道解惑，已经成为南航的文化品牌。在"问天科学讲坛"举办100期之际，校科学技术协会出版了科普图书《问天科学》，该书两年内加印三次，广受好评。

恰逢 2021 年第六个"中国航天日"之际，南京航空航天大学成功承办了"中国航天大会"，共有 40 余位两院院士出席活动，举办了 22 场院士报告，创历届"中国航天日"活动院士出席和报告场次之最。也在 2021 年，南京航空航天大学"问天科学讲坛"成功举办 200 期，南京航空航天大学将迎来建校 70 周年，校科学技术协会编辑出版《问天科学》（第 2 辑），可谓恰逢其时。

《问天科学》（第 2 辑）收录的院士报告，有前沿信息、有专业探讨、有科普知识、有励志故事，可以普及社会大众科学知识，激发青年学子科学兴趣，弘扬航空航天科学精神。在国家"十四五"承上启下的关键之年，出版《问天科学》（第 2 辑），融学术前沿于科学普及，惠及学子与大众，可谓恰逢其势。

望"问天科学讲坛"传育人之道，望《问天科学》扬学术之风！

中国工程院院士　南京航空航天大学校长

2022 年 2 月

目　录

目录是以院士报告时间为序

航空航天与智能时代：21 世纪的科学问题

中国科学院　郭万林院士

一、人类社会发展和航空航天科技历程

我们仰望星空。人类几千年的文明一直是看着日月星辰，以农耕生产为主的社会生活。从 6000 年前到公元前的 400 多年，人类发明了算术、欧几里得几何；发明了星象日历：阳历和月历，进入了人类的第一次文明，这就是农业文明。十七八世纪是人类一个非常重大的转折点，在此之前的几千年大都是农耕社会，我们这一代青年人可能从出生或记事起都生活在工业社会。但我小时候，中国基本上 80% 的人口仍是农业人口，中国还处于农耕社会。所以也就是在短短的 30 年，中国从农耕社会到了现在的高度现代化的社会。这一时代的到来，分水岭就是牛顿时代。大家都知道牛顿力学。实际上，牛顿最重要的科学著作是《自然哲学的数学原理》。他把过去经验的、观测的所有的运动、阻力，包括天体的运动，都采用其发明的流

数术（Methodus Fluxionum），即现在的微积分（Calculus）来描述。在此之前，中国算盘是世界上无与伦比的数学工具，但微积分超越了以前的数学。1687 年《自然哲学的数学原理》首次发表时采用的是拉丁文。到 1729 年才第一次翻译成英文，该数学原理翻译成中文是哪个年代呢？是 1931 年。所以说从牛顿微积分、牛顿力学到蒸汽机时代，一直到 1931 年，我们才开始了解牛顿和他的数学原理（微积分）。目前南京航空航天大学的航空学院有两个专业：固体力学和流体力学。其中，流体力学是由二阶的偏微分方程描述；而固体力学是由四阶的偏微分方程描述。从牛顿时代到 20 世纪航空航天科技的发展，实际上就是解决这两个方程的历程，如图 1 所示。

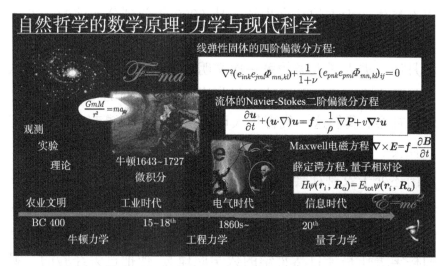

图 1　从《自然哲学的数学原理》到现代科学与技术时代的理论基础

19 世纪，建立了电磁理论，人类能够发电，用电力推动机械，就进入电气时代。20 世纪初，不仅仅是 1903 年美国莱特兄弟（Wright Brothers）的飞机第一次离开地球表面飞行，还有 1905 年诞生量子力学（Quantum Mechanics）。今天大家用手机拍照，甚至包括计算机、互联网等，所有这些现代科学技术都是由量子力学带来的半导体时代的成果，已经有 60 多年。

20 世纪初，莱特兄弟的第一架飞机起飞后飞离地面几十米，然后，人们就开始考虑飞机能够飞多远不掉下来。从 20 世纪上半叶起，机毁人亡的事故大量发生。所以，首先要解决的问题是飞机起飞后不掉下来，也就是飞机的安全问题。美国的 F-15、F-16 型战斗机，法国的幻影 2000，中国的歼-10 战斗机都是第三代战斗机。我研究生毕业时刚刚赶上非常好的时期。1985 年，歼-10 战斗机立项，我的导师推动实行损伤容限设计，将国外的安全设计准则应用在中国的飞机设计中。歼-10 战斗机是中国第一个完全采用 CAD（计算机辅助设计）、CAE（计算机辅助工程）设计方法的战斗机。到了现在的第四代战斗机，如美国 F-22 型战斗机、中国歼-20 战斗机，实际上是非常大的变革。这个变革是什么？如果说第三代战斗机追求的是飞行的安全和飞行的机动性等，那么第四代战斗机则是追求隐身、超音速巡航、红外制导、超视距的作战等，实现真正意义上的移动信息作战平台。但再发展，如未来的超高声速飞行、天地之间的空天飞行，完全需要新的理论。过去的四阶偏微分方程、二阶偏微分方程再也无法解出来。如超高声速飞行，在前面形成激波，其激波完全不能采用现在的空气动力学方程描述，因为气体被压缩得像金刚石一样坚硬。这时就需要新的科学理论描述；再比如星地航行需要动力，需要加速度，这时仅依靠自身的燃料是远远不够的。如果采用量子驱动的原理，哪怕是加上皮牛级的力，只要产生加速度，它就会越飞越快，就会实现革命性的星际旅行。

二、纳米科技时代的革命性进展

（一）概述

再看看纳米科技时代。"纳米科技时代"大家觉得是一个很时髦的名词，但它实际上已经到了发展的转折阶段，已经到了科学研究向产业、向市场驱动的转化阶段。

回顾 1947 年，第一个半导体晶体管，也就是场效应管（FET）诞生；1959 年，第一块集成电路诞生，实际上是在一个锗片上将电路所需的晶体管、电容、电阻等元件及布线互连一起，形成具有一定功能的简单电路。第一块集成电路是在一块几毫米见方的锗片上实现的。由于集成电路被申请了专利，所以场效应管和集成电路这两个专利属于基础型的专利，在半导体时代统治几十年。1953 年，人类发现了孟德尔遗传学真正的物质基础：DNA 的双螺旋结构。双螺旋 DNA 宽度为 2 个纳米，4个碱基 A、T、G、C 形成碱基对，每个碱基对就像楼梯的梯子格一样，每格之间的间距为 0.3~0.4 纳米。

20 世纪 50 年代，量子力学已经发展得极其成熟。利用量子力学原理设想，费曼（Richard Phillips Feynman）在 1959 年的美国物理学年会上做了 30 分钟的报告。该报告称，如果按照量子力学原理，人类可以搬动原子，随心所欲地摆放原子，构成任何图形。如能这样将会产生革命性的变革。同时，该报告还指出，如果搬动原子去写字的话，可以在一个针尖这么大的空间里，把大英图书馆的所有藏书都记录下来。当时人们不以为然，甚至有人嘲笑费曼，说你给我搬个原子看看。这个设想在 1982 年就实现了，在扫描隧道显微镜（scanning tunneling microscope，STM）下 IBM 的学者第一次用针尖搬动了 23 个原子，并构成了"IBM"三个字母，这一发现实现了费曼用原子写字的设想，一下子就惊动了全世界，纳米时代也就开始了。实际上从 2003 年以来，笔记本电脑中的晶体管尺度已经做到 90 纳米。而大家认为，100 纳米以下是进入纳米科技时代的一个临界点。现在的先进芯片基本上是采用 14 纳米的技术，10 纳米的芯片也已经商业化，下面将是 7 纳米、5 纳米的芯片，也许会有最后一代产品，也就是硅的时代已经高度成熟。

有人问我，为什么来到南京航空航天大学以后，不去做飞机而是想着纳米？我想在硅的时代，所有相关的技术都是西方国家主导，专利都被他们垄断，所以他们经常要讲知识产权，你不能造，我不让你造，你就不能造，花钱也不能造。所以硅时代以后的时代，我们中国应该有机会了，对我们这一代人应该有机会。比如，在2003年，人类基因组DNA基本测序完成，现在只需1000多美元就可以进行DNA测序。也就是说，可以从一个人全部的DNA序列中想得到什么就能得到什么。另外一个就是，20世纪40年代人类把原子核5飞米(femtometer，fm)（1飞米=10^{-15}米）小的尺度的能量释放出来，实现了核裂变。20世纪60年代，中国实现了两弹一星的研制。从1985年开始，人类发现人造的纳米材料，诸如纳米颗粒、纳米线、纳米管，甚至二维的纳米材料。从原子到产品，纳米科技时代已经到来，将来大家从事的科研工作不再是现在的生产方式，而是对单原子精细操控，指挥原子去生产产品（原子制造）。

（二）空间、时间、能量尺度

例如，古筝的琴弦从长到短，它的音调从低音到高音，随着琴弦的长度变短，频率会越来越高。从米量级到纳米量级，什么是纳米呢？毫米是10^{-3}米，微米是10^{-6}米，纳米就是10^{-9}米。在国际单位制中，每1000倍有一个专门的单位，纳米就是这样的一个单位尺度。时间的尺度也就是频率，比如说，琴弦可弹出十几赫兹到1万多赫兹这样的频率范围，基本上覆盖了人耳所能够听见的频率范围。时间的尺度是从秒到纳秒（10^{-9}

秒）、飞秒（10^{-15} 秒）这样的量级。比如，一个苯环中碳-氢键的振动频率为 10^{15} 次/秒，周期是飞秒量级。人类的飞机，最先大家想到的是扑动翅膀飞起来，但这样设计的飞机都是"粉身碎骨"。实际上，莱特兄弟的飞机是靠固定翼飞起来的。也就在能坐人的飞机这个尺度上，固定翼是合适的原理；到了鸽子这样的尺度，扑翼机扑动翅膀就变成比较适合的原理；但如蜂鸟，只有一个厘米长，它的翅膀是高频振动的，就不能像鸽子那样优雅地飞翔。也就是说，不同的尺度应遵循不同的科学原理，有其规律可循。

随着从宏观向越来越小的尺度发展，时间范围达到飞秒（10^{-15} 秒）甚至阿秒（10^{-18} 秒）的量级。在宏观力学中，能量的单位是焦耳（J）。1 牛顿的力让物体沿着力的作用方向移动 1 米所做的功定义为 1 焦耳。但是到了原子级的量子力学的尺度，比如说原子力的针尖，施加不了 1 牛顿的力，只能施加纳牛（10^{-9} 牛）的力，移动物体也在纳米尺度，这样能量范围是 $10^{-9} \times 10^{-9}$，就变成 10^{-18} 焦耳（阿焦耳）。单词 atto（阿级）就是 10^{-18}，就像毫米、微米中的毫（10^{-3}）、微（10^{-6}）一样。有趣的是，能量正好有 1 电子伏特（eV）（=0.16 阿焦耳）。我们心跳两次会产生 1 焦耳的能量；现在的神经科学告诉我们，大脑的活动是神经在冒火花，神经的一个火花是 1000 电子伏特的量级。所有的物质是由原子组成的，原子是由化学键结合在一起的，化学键最强的共价键为 2~5 电子伏特，弱的化学键，比如把水结合在一起的氢键是 0.2 电子伏特。能量级范围从零点几到几电子伏特，所有的物质，无论是飞机的解体还是飞机的安全，（原子间的相互作用）都在这个能量级范围内。更有趣的是，在硅的时代，硅电子从它的价带到导带跨越的能垒，其能量正好是 1 电子伏特左右。随着空间尺度到了纳米尺度，时间尺度到了飞秒，甚至阿秒，能量尺度降到了 10^{-18}，到阿焦耳或者电子伏特的量级，刚好是外部所做的功，比如力、电、光、热、磁场加到物体上做的功是阿焦耳量级（1 阿焦耳 $=10^{-18}$ 焦耳），也就是电子伏特量级。而半导体或者导体，其电荷、电子结构、分子轨道和电子的自旋态组成的局域场，它的能量尺度也在电子伏特量级。如给桌子施加力，桌子会发生形变，但在宏观上感受不到；而在纳观上，所施加的外力与物质的局域场是一个量级，也就是"风吹草动见牛羊"，这时所有的物质都会感受到外界施加的各种作用。以前这样的相互作用，只有在极少数的智能材料中才会有。像南京航空航天大学第一位科学院院士陶宝祺教授在 20 世纪 90 年代发展的智能材料结构用的就是压电材料，电场导致特殊的陶瓷材料有 0.1% 的变形；赵淳生院士发展的超声电机精密驱动依然用的是压电材料。但在纳观上，比如铅笔芯的这种碳材料，用其画出的痕迹在显微镜下观察到的是一片一片单个碳原子组成的单原子层，一层一层堆积得像山一样的景观。而在宏观上，看到的只是一道黑印，如果拿出其中的一片就是石墨烯。将其弯一弯，它就可以从导体向半导体转化。从铅笔芯到金刚石的变化，只需要用针尖轻轻地一点就可以实现。也就是说，所有的纳米材料，不管是碳的还是其他材料，只要是纳米尺度的，都具有智能特性。这就为传感、驱动、各种各样的能量转换提供了新的途径。

大家都熟知牛顿第二定律 $F=ma$，但是力从哪来呢？力从能量来，只要空间有能量变化就能产生力，就像高山流水一样。所以说，能量的空间变化率或者梯度就是力。在宏观上，像压桌子，以及局域场对能量的贡献都极其小，几乎可以忽略它的贡献，只考虑宏观的弹性变形。所以桌子不是智能材料做成的。但是到了纳米尺度后，电子的状态代表局域场，是量子力学描述的一个态，能量不仅由物体的结构变化构成，而且由物质的局域场构成，局域场对能量的贡献可能比宏观尺度的还大。在纳米尺度，不仅要用到牛顿力学、微积分，还要用到量子力学求解确定能量态的积分方程。实际上，无论是求解流体方程，还是求解固体方程都是非常难的，但现在都有大量的商业计算软件，可以使用软件直接数值求解。

（三）纳米技术

上海科技博物馆有这样的塑像——基因枪（gene gun）（图2）：把一个植物的叶子揉成浆，灌入枪内，然后打到另外一个植物中，这样总有一些基因定位在另外一个植物中。袁隆平院士的杂交水稻是一代一代培育出来的，所以他辛辛苦苦一辈子，每培育一代杂交水稻都需要若干年。而基因枪可以改变这个状态，一枪打过去，基因可能就发生了改变。

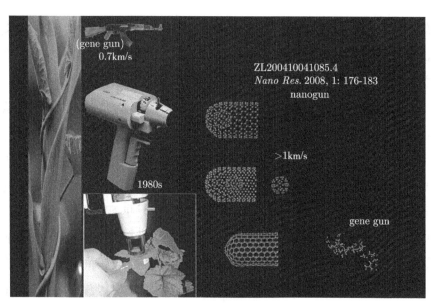

图 2　利用碳纳米管设计的纳米枪/基因枪

用量子力学模拟的纳米枪（nanogun）（图 2），把一个已经合成的纳米球，放在一个已经合成的碳纳米管里面，这时给它施加一点电场，碳纳米管中的球一个，两个，……，就像手枪、冲锋枪里的子弹一样被射出，基因片段也可以被打出，其出口速度可达到 1000 米/秒，而 AK47 步枪子弹的出口速度约是 700 米/秒。该纳米枪已经申请了国家专利，也发表了相关论文。

大家看图 3，这是一堆金灿灿的黄金，下面红彤彤的是什么呢？依然是黄金：把黄金切成纳米颗粒，放入液体中，黄金就变成红彤彤的。所以金灿灿的黄金在纳米尺度下可以变成各种各样的颜色。黄金之所以能保值，是因为它的惰性，不易发生氧化反应而损耗。实际上，纳米尺度的黄金不仅仅变得非常敏

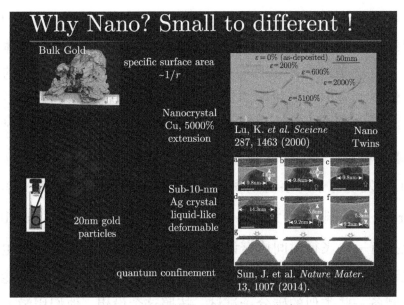

图 3　金银纳米颗粒的特殊现象

感，而且它是非常好的化学催化剂，为什么呢？因为它的比表面积随着颗粒半径反比例变化，也就是说半径趋于零时，比表面积（specific surface area）非常大。比表面积决定了其化学活性、催化状态等。所以现在的化学能源都是依靠纳米科技在推动着。纳米颗粒的半径小到一定程度以后，就产生量子限域（quantum confinement）。诸如，一个非常短的由纳米颗粒组成的铜棒，如果像擀面条一样擀它，可以擀到很长，能产生约5000%的变形。以往的金属，比如飞机上应用的高韧性合金，在百分之几的变形时就要断裂。为什么这样的铜棒有这么大的变形呢？因为它的颗粒变成了纳米尺度，所以就具有超延展性。这是卢柯院士2000年发表论文首次揭示的（图3）。将一个银纳米颗粒放在两个界面之间，去压它，然后把上界面拉开。银纳米颗粒像水滴一样变化，实际上一直保持着银的晶体状态，也就是说纳米银具有类液态的性质（这是东南大学的学者们在具有原子分辨能力的电子显微镜下首次观察到的）。

人类合成的第一个纳米材料——碳60（C_{60}）或者富勒烯，是由60个碳原子组成的一个球状的模型（图4）。实际上，碳60的发现源于对宇宙尘埃的分子光谱的思考。英国天文学家Kroto到美国Rice大学Smalley教授的研究组访学，Smalley教授有一台飞行时间质谱设备。Kroto在参观时提到宇宙尘埃光谱中有很多碳分子的不明峰，不知道是什么物质，能不能尝试制备一些类似的碳分子试试。按照这个设想，他们用激光蒸发石墨产生含碳气体，然后用质谱检测，仅十天左右就发现60个碳原子处有一个非常强的峰。当时实验能够观测到60个碳原子的质谱，而60个碳原子拼接成球形结构则是他们猜想出的。为什么猜出 C_{60} 是球形呢？由于当时是看不到的，Kroto受到加拿大蒙特利尔世界博览会上建造的巨大球形美国馆的启发，就猜想 C_{60} 可能是球形，这是1985年发生的事。又过了10年，他们在电镜里确认 C_{60} 就是球形，并在1996年获得了诺贝尔化学奖。富勒烯，这个人造纳米材料是0维的。因为从所有的维度 xyz 去看，该人造纳米材料小到了纳米量级，是以前显微镜看不到的，所以叫0维的。

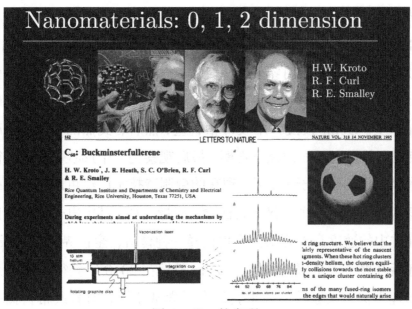

图 4　C_60 的发现

　　日本的饭岛澄男（Sumio Iijima）教授在美国期间是位电镜学家。1991 年，他回到日本后，就发现一个由碳材料做成的纳米级直径的管——碳纳米管。饭岛澄男认为碳纳米管是一维的，因为它的长度方向可以是宏观的，是厘米级的。现在甚至米级的碳纳米管都能造出来，并且已经用这样的碳纳米管搭成了整体的电脑，能够执行一个可编程的程序，全碳的计算机在 2013 年已经问世了。实际上，材料可以特别强，如果用碳纳米管合成一根纤维，搭到月球上去，除了承受自重以外，它还可以承受有效载重，所以可以搭建太空梯，这是美国学者的设想。2004 年，石墨烯之父安德烈·海姆（Andre Geim），英国的曼彻斯特大学教授，他带着他的博士后和学生在做各种各样的研究。Geim 教授喜欢奇思妙想，因此曾获得"搞笑诺贝尔奖"。Geim 教授敢想，那他做了什么研究呢？我们已经知道，铅笔芯是由石墨烯堆成的，用铅笔芯画一下，这些石墨烯就像山一样堆砌在那里。Geim 教授就用胶带粘石墨，然后看到黑的小片再用胶带粘，并在电子显微镜下观察，最后观察到一个形状不规则的微米级大小的碳原子楔形片。现在的微制造技术已经可以在这样的微米片上搭建 6 个电极进行测量，测量发现，其中电子速度要比在硅中的速度高上万倍。出现这样一种材料，全世界为之一振，随后开展了大量研究，使得 Geim 教授在 2010 年获得了诺贝尔物理学奖。大家看，如果我们有科学敏锐性，对着胶带再撕一撕、看一看，说不定也能获得诺贝尔奖呢！

石墨烯是单原子的，但可以做成像纸张一样大。中国学者曾在《中国科学学报》上发表论文，能够把石墨烯完整的 6 元环结构做到 1 米这么长，这样能做什么呢？这个问题留给大家先想想。现在是不是进入一个新时代？包括 Andre Geim 教授，以及做出来米级的单晶材料的中国学者，都还没有想到革命性的用途。碳 60（富勒烯）、石墨烯分别获得诺贝尔化学奖和物理学奖，问题是纳米科技需要可控制备：宏量、高质量、低成本、大面积的制备，尤其是面向应用时，比如现在已经用硅、全碳做成这样的芯片，未来能不能有新的、跟现在的计算原理完全不同的呢？纳米科技、纳米材料现在发展到什么程度呢？

纳米材料，尤其是石墨烯，从萌芽期大量的研究，到 2008 年、2009 年达到其物理研究的最高峰，2019 年石墨烯的产品已经到第二代，中国已经有 2000 多家石墨烯的产业在建。北京大学刘忠范院士建立了北京石墨烯研究院，包括北京市投资的 2 亿元、企业投资等，已经集资到 20 亿元。估计 10 年后，石墨烯产业年产效益将达到 3000 亿元。也就是说，石墨烯已经不只是基本的探索研究，而是已经到了大量产业化的时代。

在青铜器时代，中国是最强大的，秦朝统一中国，一直到明朝、清朝前期，中国 GDP 占全球 GDP 的 30%~40%。随后，因为我们国家没有学习牛顿力学，没有学习微积分等而在科技方面落后了。到 1949 年，中国 GDP 占全球的比重差不多在 1% 以下，现在中国 GDP 占比已经直线上升，达到 14.9%，而且未来直线上升的趋势没有改变，GDP 占比会达到 20%~30%。

如果到了那个时候，想想我们需要干点什么，我们国家在科学上绝对不能落后。在铁器时代，包括从钢铁时代到硅时代，实际上在铁器时代我们国家仍然是遥遥领先的，但到了硅时代，从 1947 年的晶体管到现在的集成电路，我们国家几乎全部依赖国外购买，目前集成电路时代快到尾声，所以将迎来一个新的时代，中国会有机会的，当然要依靠在座的各位，这就是为什么我愿意花这么多的精力给各位准备今天这样的讲稿！

我们再看看纳米技术。最早大家说，什么是纳米（nano）呢？实际上不是 10^{-9} 米，而是 "Never approached, Never observed"，即"从来摸不着、看不见的"就叫纳米（nano）。现在纳米科技经过 30 多年的发展，不仅仅有各种各样的纳米材料，而且最重要的是可以看到从毫米（millimeter，10^{-3}米）到皮米（picometer，10^{-12}米）的物质，还有飞（femto，10^{-15}）、阿（atto，10^{-18}）到仄（zepto，10^{-21}）这样的尺度前缀。现在人类已经能够精准控制和利用纳米材料。在 20 世纪 90 年代以来的 30 年间，除了纳米材料，我们看得见的一些技术，使得人类观测世界、感知世界的能力到了一个前所未有的水平，我将其叫做"革命性的、震撼性的力量"。比如说，我们解析一个飞机结构材料，该飞机结构材料是一个多晶的，其中含有一些缺陷等，现在三维的可以做到 19 皮米。什么是皮米呢？比纳米再低 10^{-3} 级，到了 10^{-12} 米级，也就是说，纳米科学研究所应改为皮米科学研究所，现在已经到了皮米时代，而且是三维的、原位的，可以加载，可以直接观测。2017 年的诺贝尔物理学奖获得者雷纳·韦斯（Rainer Weiss）观测到了引力波，两个天体相互作用产生引力波的扰动，但传到地球时引力波就变得极其微弱。由美国政府领导的研究组研制的激光干涉引力波天文台(LIGO)，是由 3000 多人花费 10 多年时间建造的两个约 4 千米长 L 形、相互垂直的长臂（真空管组成），整个臂内由直径为 1.2 米的真空管组成，其内是超高真空。通常实验室用的抽真空一般抽到 10^{-7} 托，但这个 LIGO 达到了 10^{-9} 托（万亿分之一个大气压），比一般实验室实验用的微小真空腔体还高两个量级，所以极其精准。从两个臂中发出相干的激光，回传出去后，因为引力波引起的这两个臂长非常微小的长度变化，这个长度变化是多少呢？通过测量达到了 10^{-19} 米。

三、智能科技时代的战鼓雷鸣

测量引力波是纳米科技最震撼的标志性成果，看宇宙是这样，操控原子、电子也是如此。从观测宇宙到认识大脑，这都是纳米科技带来各种各样的翻天覆地的变化，纳米科技给我们带来什么变化呢？目前半导体产业已经到了纳米尺度，再往下发展就发展不下去了，当然需要发展各种各样的局域场，不仅仅是电，过去是操控电，现在是磁操控电、电操控磁，包括光操控电等一系列这样的逻辑架构，可以通过新的功能材料实现。目前的光刻技术、平面印刷技术已经到了其分辨率的极限，哪怕采用高能 X 射线，其电子束刻蚀的分辨率也只有 10 纳米，再往下亚 10 纳米技术的 7 纳米、5 纳米的代价是极其高昂的，也就是要将其发挥到的不是100%，而是 120%、150%这样的能力才行，所以超出了技术的极限。但我们做了一项合作研究，发现用电子束照射材料时会在亚纳米级自发相变，可以用电子束自上而下地制造出来 0.35 纳米的结构，相关内容的论文在 2013 年发表后，美国的国家实验室、美国的大学、日本的大学共 18 位学者立刻发表论文称这个技术可以变成可控的技术。所以，从制造来讲，纳米技术可以突破现有的 10 纳米，提升到亚纳米。众所周知，人机大战，计算机肯定比人大脑算得快，汽车比人跑得快，起重机比人的力气大得多。围棋人机大战中，与李世石下棋的计算机（AlphaGo）主频是 3.9 千兆赫兹（GHz），速度为 10^9/秒，而大脑的神经元相当是毫秒量级，速度为 10^3/秒，计算机（AlphaGo）采用 1900 多个 CPU+280 多个 GPU，以及远程的云计算和云存储，采用如此重大装备，跟人类微米（10^{-3} 米）级脑神经元体系抗衡。然而计算机（AlphaGo）在计算方法没有革新之前，即使有强大的计算能力，也下不了完整的围棋。是什么带来 AlphaGo 的革命呢？实际上是真正的算法，诸如新的人工神经网络、大数据、机器学习等。

还是人机大战，AlphaGo 已经被 AlphaZero 取代。Alpha-Zero 不用学习围棋棋谱，不用学习任何已有的经验，而是自己下棋，形成自己的数据库，然后战胜了 AlphaGo。AlphaGo 不见了，而 AlphaZero 出来了，"Go" 在英文中是 "围棋" 的意思，而 AlphaZero 围棋、象棋、国际象棋什么都能下，而且不用学任何棋谱，自己跟自己下几个小时，就可以打败任何现有的专业软件和棋手。国际象棋、中国象棋的高手早已在 20 世纪 80 年代被计算机打败，围棋是最后一个被打败的项目，这是因为围棋如果用穷举法计算，现在的计算机依然难以胜任。现在是算法的革命，使得 AlphaGo 诞生，从 AlphaGo 到现在的 AlphaZero，这样的革命性发展，实际上用了几十年的努力。

再来看看另外一个例子，这是一个四旋翼的无人机，它能够自主躲避，比如人去抓它，它会自动躲避，因为它有智能的算法；它可以人脸识别、自主进攻；用飞机投放大量的小型无人机，组成蜂群，可以把几百万人的城市瞬时摧毁掉。

四、21 世纪的科学愿景

我们看看 21 世纪的愿景，人类从猿人到人、到科学技术革命，再到今天，经过几千年的人类文明，从牛顿力学和微积分到现在只有短短 300 多年，实现了机械化、电气化。"信息化"（information technology，IT）在 20 世纪 80 年代是一个非常时髦的名词，而现在的互联网技术（Internet technology），已经遍布全世界，但这些都是过去时。现在是什么呢？智能技术（intelligent technology，IT）用的是深度学习和巨大的纳米计算能力。量子力学的第一次技术革命给我们带来半导体信息技术，第二次技术革命已经开始，比如量子密钥、量子计算、量子通信、量子驱动等。2017 年 6 月，由潘建伟院士领衔的世界首颗量子科学实验卫星"墨子号"团队实现了千公里级的星地双向量子纠缠分发和通信。因此，潘院士成为了 *Nature* 2017 年度封面十大人物之一，并被称为量子之父（father of quantum），这是中国人的骄傲！所以说，我们赶上了一个好时代。在研究连续介质流体、固体，飞机的、空天的所有东西，包括数值求解，都是用的微积分理论。而以量子力学为代表的，可以进行积分求解局域场和所有的智能特性，包括半导体特性。现在所有已有高度商业化的软件，也就是说现在已经不需要单个算例，那么现在到了什么程度呢？现在到了高通量、深度机器学习、人工智能，也就是说，同时计算几千种材料，可以从中挑选出最优秀的材料，使得材料从发现、研发到使用的整个过程可以节省一半的时间和费用。美国和中国均已启动材料基因组计划，大家赶上了一个崭新的时代，所以光看教科书是不够的，要好好学习最新的科学技术和理论。

五、家国情怀，共同努力

（一）能源科技

我在南京航空航天大学实际上不是做了18年教师，而是当了18年的学生，所有这些知识都是我在大学没学的，也是我在西安交通大学做教授时不懂的。跟大家分享的是这18年来我在南京航空航天大学学习的成果。所有的无人机，当能量耗尽时，就会一个一个掉下来，什么用都没有。所以不管是卫星、汽车、照明、计算机，还是无人机，再智能没有能量全部熄火。因此，能源是世界上最具挑战性的领域。不仅能源重要，若不给你水喝，咱们全部都得停下来。所以能源和水资源是维持人类文明最重要的、不可或缺的基本资源。

一方面是化石能源，一方面是水电、光伏等这样的传统绿色能源，现在大量推广绿色能源，但都存在理论局限性。那么有没有革命性的新的绿色能源技术呢？

地球是缺水的，地球6%~25%的人口缺水，25%以上的极度缺水。

在此，谈谈我个人的感受，我的导师、中国航空教育家和结构力学专家黄玉珊先生1940年在斯坦福大学师从世界著名力学科学家铁摩辛柯（Timoshenko）教授，仅一年就获得博士学位。当时有最著名的力学模型——铁摩辛柯梁理论（theory of Timoshenko beam）。我们解不了四阶偏微分方程，简化成一根杆，一维的；简化成一个梁，准一维的；简化成一个板、壳，二维的，能不能求解呢？求解了，我的导师就求解了一系列受力板的问题，23岁时就获得了博士学位。1940年，中国首都沦陷，国破家亡的最困难的时期，我的导师黄玉珊先生23岁从美如童话世界般的斯坦福大学校园回到战火纷飞的临时在重庆的中央大学。图啥呢？航空报国！但黄先生没有赶上好时期，20世纪50年代他主持设计的"延安一号"飞机，从图纸到分析设计用了一年的时间；他在中央大学培养的第一个学生冯元桢教授是美国三院（美国国家科学院、美国国家工程院、美国国家医学院）院士，是世界生物力学之父（father of biomechanics）；但在改革开放不久，正是各种重大的航空工程立项启动、可以大展宏图之时，他却离开了我们。我是黄玉珊先生的关门弟子，我把先前解的一维的、二维的偏微分方程发展到三维断裂问题的求解，同时从宏观发展到纳观，去认识一些更深层次的物理力学规律。飞机的结构安全设计经历了疲劳强度、破损安全到耐久性与损伤容限的路程，现在的歼-10战斗机、歼-20战斗机、空客飞机、运-20运输机都是按照损伤容限设计的，但是损伤容限所有的理论基础以及材料实验标准都是在二维的基础上建立的，只能依赖于积木式的实验实现。有幸的是，我在博士期间发现三维效应问题，并解决了这个问题。我们发展了一套三维的断裂理论，尤其是将该理论应用到各种三维实际结构中，用标准的材料实验数据预测实际飞机结构的疲劳断裂，这是最根本的方法。现在上海飞机制造有限公司、航空工业成都飞机工业（集团）有限责任公司等都在使用该方法。举一个例子，在做一款新型飞机试验时，飞机结构出现了严重的开裂情况，经过三维理论分析后，我们给出分析结果：采用材料的基本原始数据，预测飞机结构是能够承受 100%设计载荷，而且还有充分的强度裕度。研制方和试验方根据分析结果完成了试验，而且最终试验的裕度跟我们预测的相当。现在这种方法已经用于多个型号的飞机。在飞机结构上，我们已经解决得很好，需要把该方法应用到高温发动机上进行预测。如图5所示，载荷不变，保持 650℃温度，10 毫米厚度的蠕变断裂时间寿命只有不到 10 小时，而 5 毫米厚的蠕变断裂时间寿命达到了 120 小时以上，也就是说，从 5 毫米变成 10 毫米，蠕变裂纹扩展寿命相差一个量级，目前还没有任何理论能够预测这样的差异。我们希望能攻克这个难题，给发动机研究提供一些科学的指导。

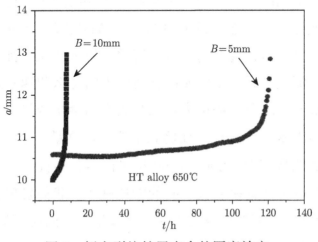

图 5　蠕变裂纹扩展寿命的厚度效应

从农耕、历法、大航海、牛顿力学的诞生，到连续介质四阶偏微分方程求解、二阶通量方程的流体力学求解，有了机械化、电气化；航空航天有了疲劳断裂理论，使得飞机能够安全飞行，但没有将量子力学结合进去。现在到了飞机由安全向智能化发展的时代，把量子力学与传统力学理论结合起来，在纳米尺度物理力学中发现了一系列新的效应。我们团队在这个新领域定义了一些英文术语和词汇，这些术语和词汇已被国际权威学术刊物评审、发表，并被使用。在 2012 年我们团队负责的项目"低维纳米功能材料与器件原理的物理力学研究"获得了国家自然科学奖二等奖。

　　再来看一个例子，前面提到的铅笔芯，能做出单层那么大的成品，我们随机剥一片铅笔芯成品放在玻璃上，两端施加电极，风一吹就能发电。铅笔芯没剥成单层时是不发电的，剥成单层时就能发电，而且发电量与马赫数的平方（Ma^2）成线性关系。大家知道，现在的飞机，哪怕是第四代机，都要有一个皮托管测流速，那么皮托管在发动机里面怎么测速？这是一个难题，贴上一片石墨烯这类功能材料有可能解决这个难题。这是半导体纳米线（图6），红色表示能带偏移量，弯曲可使电子要跨越的能带变大。2003年90纳米以后，对硅一定要加以应变，使得电子迁移率变大，硅的能耗减小。我们发现在纳尺度中，应变梯度（应变的变化率）会导致半导体的能带显著变化，我们把它称为柔性电子效应（flexoelectronic effect），这个术语是我们提出的。石墨烯是导体，氮化硼是绝缘体，二维材料

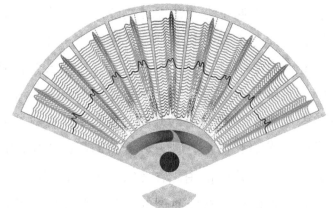

图 6　纳米线的柔性电子效应

可以覆盖从紫外线到红外线的光谱范围。我们已经开发出所有不同的单原子层材料，拼接起来可以形成任意想要的光谱或吸光的材料。实际上，量子卫星上要有单光子源，可以由这样的单光子材料产生，单光子的检测也需要纳米技术。

（二）水伏能源技术

另一个是新能源问题。地球表面 70% 都是水，人体，尤其是大脑中约 80%是水，水会有怎么样的表现呢？把由单层碳原子组成的石墨烯放在玻璃基底上，布置两个电极，用蘸了自来水的毛笔在其表面写字就会发电，监测电极间的电压就能感知笔画方向、写字速度，这就是无源传感。把它放在雨中，每个雨滴的撞击-滑落都会发电。把它贴在太阳能电池表面，可使太阳能电池板在降雨、无光照天气环境下仍可发电，这个概念已在国际上流行开来。另外，给一个皮球贴上石墨烯，然后将其扔进海里，发现这个皮球往上、往下波动时都能发电，我们把它叫作波动势（waving potential）。

我们回过头再看人类在这方面的研究历史，这不就是 200多年前的一种所谓的动电理论吗？液体与固体相互作用发电，或者电操纵液体、离子的作用，比如电泳用的就是这个双电层动电理论。我们现在又发现双电层边界运动会发电，又增加了两种这样的效应：拖曳势（drawing potential）和波动势（waving potential），这些发电过程都要做功，如果风平浪静就不能发电，所以要拉它运动，需要消耗机械能才能产生电。

又如晾衣服，衣服不放在太阳下晒，而是挂在屋子里，一两天后衣服也会自然干了，为什么？因为水蒸发。蒸发引起的树叶上微小孔的蒸腾作用，可以把水从地表吸到树顶；蒸发可以从海水形成云、雨，以及所有的地球表面河流、湖泊的水循环；蒸发产生的蒸汽可以驱动蒸汽机，使得机械革命到来等。现在人们都使用空调，我们小时候没空调，甚至缺少电扇。热了怎么办呢？洒水降温，实际上这也是有科学道理的。每克水从液态变成气态，会吸收 2000 多焦耳的热能。2000 焦耳是什么概念呢？一节 7 号干电池的电量差不多就是 2000 多焦耳。我们周围充满了大量的能量，有了石墨烯这个材料，将其制造成宏观的厘米级宽、10 厘米长的片放在塑料上，两端加上测量电极；然后在上面滴一滴水，比如给一端滴一滴水，发现它发电了，有电信号；用吸纸吸干水，电信号又没了；再给另一端进行同样的操作，生电现象再现。说明确确实实是水滴的蒸发产生电，但这个电量太小，属于微伏级。图 7 是在一块玻璃板上刷两根碳纳米管的黑色电极，然后放在酒精灯上烤 5 分钟，中间会形成一个黑色的膜，这个膜叫碳黑，稍作处理后，将其一端插入水中，两端连接上电极，奇迹就发生了：1 伏的电持续地、源源不断地流出来。这个装置不需要光照、不需要风吹、更不需要人工机械做功，就可以产生伏级的电。我们把这 4 片装置连接起来放大电量，可以直接点亮 LCD 屏幕。

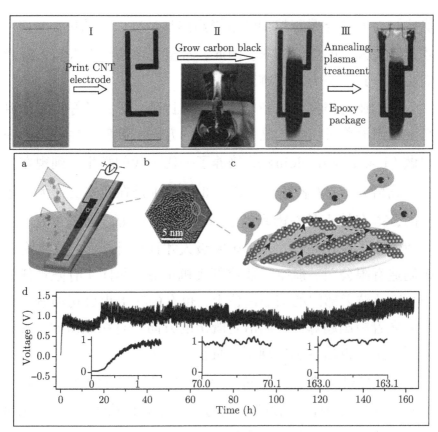

图 7　碳黑的水伏效应

　　各种各样的碳黑都有这样的效应。发电到 10 伏级就能给手机充电。地球变暖说明空气中的能量太多，能量短缺是因为电太少。水蒸发可以当作空调，可以制造出纯净水、蒸馏水，同时还可以发电。将来人类往其他星球移民时，只要带根火柴盒大的一片碳材料就行了！但移居的星球一定要有水，因为水是生命之源，没有水，人类无法生存。当然，从局域场的电子伏特级力电耦合要跨越 10^{18} 量级到焦耳量级以上的更高量级，才能解决人类的能源需求。因此，希望更多的年青人加入到我们团队，共同努力攻克难题！

我们还希望发现更新颖的材料，比硅、石墨烯好得多的材料。我们沿着机、电、磁、光、热的方向，带着学生一边学一边做（learning by doing），培养了一代一代的学生。到现在为止，我培养了 38 名博士，其中 3 名博士是在西安交通大学培养的，35 名博士是在南京航空航天大学培养的。可喜的是，这些博士除了留在高校、入选国家级人才计划外，有的在上海飞机制造有限公司、航空工业成都飞机工业（集团）有限责任公司，以及航天部门的核心岗位上；也有的在上市公司领着上百号人做着中国超算。我们沿着既定的方向一直在做研究，既锻炼了学生，也培养和发现了一批优秀人才。

在生命科学领域，从 2002 年开始，我们一直关注神经科学的发展以及人脑计划的发展，我的学生也做了感应蛋白的理论研究，目前实验还没有完全做出来。2015 年，北京大学、清华大学的两个青年教授课题组为生物的磁导航蛋白的发现竞争得不亦乐乎。实际上现在已经到了用磁、用外场操控人脑的时代，形成人脑-机器界面，传统经典的神经科学依赖的细胞膜上有钾、钠离子通道，钾、钠离子的导通控制着神经元放电、传导以及集聚。下面（图 8）是发现的各种各样的钾、钠离子通道，几千个原子构成这么漂亮的、一维的通道选择导引着钾、钠离子通过。

图 8　离子通道的蛋白结构

钾通道的结构是麦金农（MacKinnon）在 1998 年解析出来的，并在 2003 年与水通道蛋白质结构解析者一起获得诺贝尔化学奖。现在钠通道、钙通道等所有的离子通道的蛋白质结构已经被解析出来，也就是说人类基因没有藏住，现在全部被抓出来了，所有的蛋白也注定会被抓出来，所有的脑神经连接组以及脑神经元的分布都会被抓出来。我国在苏州投资 4 亿元建造了人脑神经连接组研究机构，120 多台机器日夜不停工作，在可预见的时间内，人脑的结构秘密是藏不住的，所有的原子结构都藏不住。问题是人脑是怎么运作的？用的是什么力学原理？如果人类在这里有任何一点小的突破，对我们人工智能技术都可能带来巨大的新突破，这是我觉得这个世界最激动人心的方面。

举个例子，这是生命科学家解析的钾、钠通道结构（图 9），放在了免费的蛋白质库里，我们把蛋白质库安装在计算机中，用分子虚拟的探针去探测这个结构，发现它不是一维的，而是具有漂亮的空腔，让离子过还是不过、什么离子过，决定性的区域有 5 个漂亮的小水穴。我们相信这么漂亮的结构一定具有功能，最后发现，5 个小水穴里面都有一个水分子，中间也有一个水分子，如果这 5 个水分子老老实实地待在那，离子是永远过不去的；如果施加点膜电压，这5个水分子开始"串门"，当2个水分子到中间，离子通道就打开了，离子可以非常容易地过去。传统的神经科学认为钾、钠离子主导着神经的活动，我们发现至少在这个个例中，是5个水分子组成的一个水合阀（hydrovalve）控制着离子的运动。

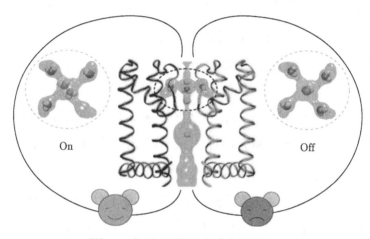

图9　离子通道的水合阀结构

老子说"上善若水"，大脑是由水控制的。最典型的脑神经元有着像树枝一样从细胞体伸出的枝，叫树突；还有一根裹着蓝色壳的长轴，叫轴突。大量的神经网络就是由这样的神经元相互连接组成的，所有的大脑（包括脑干等新皮层）都是这样的，从脚到大脑都是由这样的神经网络组成的。神经元轴突外面是一个绝缘的壳，是一个微米级的管，里面由微管支撑着，微管的内径约16纳米。我们发现微管具有离子选择性的通透性，离子在里面可以高速传导，跟已有的认识是不一样的。人类现已开发出类脑的芯片，也用硅电路搭出能够识别动画图形的芯片。现在芯片可以跟程序结合，尤其是与人工智能的程序结合，设计出符合具体的算法，甚至在芯片上运行不同的程序，可以使硬件编程，现在这些都已经实现。往未来看，人类还有什么做不到呢？

所以说，新的世纪充满着大量的、待去发现的新疆界。蒸汽机解放了人类的体力，计算机助长了人类的算力。教师是最难被人工智能取代的职业，因为他要不断地学习、思考、创造，并教导学生创造。但是人类大脑中运行的原理是牛顿定律，还是量子力学，或是多场耦合？多场耦合在哪里现在都看不到。在 2005 年 *Science* 创刊 125 周年时，提出了 125 个未解的科学问题，有十几个问题是关于人脑的。*Nature* 曾经刊登一篇评论文章，题目是"大脑到底是经典的还是量子的"。也就是说人脑是一个未知的领域，但是人脑的结构已经藏不住了，人脑的基因藏不住了。远在几百亿光年的引力波也藏不住了，因为纳米时代的到来，我们探测时、空、能量的分辨能力到了一个前所未有的阶段，整个世界都是透明的，问题是我们怎么认识它、怎么用它？

现在的 C929 大型远程宽体客机和运-20 运输机的机体复合材料面积占总面积 90% 以上，占总质量超过 50%。现有的压电晶体是很难耦合进去的，即使耦合进去也是不划算的，因此想把压电晶体变成智能网络极难。但纳米材料可以放进去而且不影响机体结构的完整性，还可赋予它功能。我们现在正在发展这样的颠覆性技术，想让飞机通过纳米材料具有智能特性。

这个世界发展得极快，今天给大家分享了我们团队研究的一些新进展，我的学生们，现在没毕业的要比已毕业的更优秀。我们团队现在的研究方向是：（1）飞行器、发动机安全智能技术，这是传承南京航空航天大学、西北工业大学的本色，继承我导师的方法；（2）发展类脑人工智能技术，说实话需要英才加入，不仅要勤奋还要充分调动智力。请问广大的青年人有没有既勤奋又有悟性的呢？未来10年机器学习、人工智能领域的人才需求是直线上升的，大家现在学习智能技术、数字科学正逢其时。

国之重器，创新发展[*]

中国工程院　刘大响院士

1. 发动机对飞机的重要作用是什么？很多人说我国飞机得了"心脏病"，您对我国航空动力的现状怎么看？

飞向天空，是人类亘古以来的美好梦想。世界各地都流传着许多类似中国"嫦娥奔月"的美妙传说和神话故事，令人向往。老天忘了给人类翅膀，我们依靠科学去飞翔。

众所周知，18 世纪中叶瓦特发明蒸汽机，推动了整个欧洲和世界的工业革命。但因为它太笨重，无法装到飞机上去，因此动力成了飞机上天的最后一个障碍。直到一百多年后的 1903 年，美国莱特兄弟（Wright Brothers）将机械师查尔斯·泰勒制造的一台 8.95 千瓦、重约 77.2 千克的活塞式汽油发动机为"飞行者一号"提供动力，这才实现了人类第一次有动力、持

＊ 本文汇总了刘大响院士近几年来在南京航空航天大学等高校、学会和中学所做的航空科普报告中 5 个大众最关心的问题，撰写时间为 2021 年 3 月。

续、稳定、可操纵的载人飞行。虽然此次载人飞行留空只有短短的 12 秒，飞行距离也只有微不足道的 36 米，却开创了人类航空的新纪元。

由此可见，飞机最大的问题还是动力问题，没有好的动力，不可能有好的飞机。动力在飞机的发明和发展中起着至关重要的作用。发动机不仅是飞机的一个重要部件，也是推动整个航空事业快速发展的源动力。

新中国成立 70 年来，我国航空发动机在一穷二白的基础上，经历了从无到有，从小到大，从测绘仿制到自主研制的艰难发展过程，取得了举世瞩目的进步和成就。目前我国已建立了比较完整的航空发动机工业体系，拥有多个研究院所、十几个工厂和一些配套的附件厂；研制了一系列重要的试验设备，虽然尚不齐全，但主要的科研条件已基本具备；"太行"发动机虽然借鉴了国外的一些经验，但仍是以自我研制为主，实现了从涡喷到涡扇、二代到三代、中推到大推的三大"跨越"，现已批量装备部队，为第三代军用飞机提供了动力的自主保障，并正在推进系列化发展，"太行"发动机将成为我国第三代战斗机的主力发动机。现在可以说，我国已基本具备了自主研发第三代军用发动机的能力。

20 世纪 60 年代敬爱的周恩来总理提出的飞机"心脏病"问题，尽管近些年有所缓解，但我国航空发动机整体落后、受制于人的被动局面至今尚未完全扭转，已成为制约我国航空装备可靠使用和升级换代的"瓶颈"技术之一。

落后就要受制于人，就要被动挨打。这就好比一个人，躯体很健壮，但"心脏"是人家的，在关键时刻人家就可以把你拿住。动力这个"杀手锏"握在别人手里，再好的飞机也上不了天。所以，下定决心根治飞机"心脏病"是我们国家的当务之急，重中之重，仍是一件刻不容缓、时不我待的大事！

2. 世界军用动力发展了四代，世界民机动力发展了几代？我国自主研制的大飞机 C919 首飞用的是什么发动机？我国大型民机动力的水平和前景如何？

世界民用大涵道比涡扇发动机也发展了四代，第五代是美、法联合研制的 LEAP-X 型航空发动机，当然还有普惠公司研制的齿轮传动涡扇(geared turbofan，GTF)发动机。

我国自主研制的大飞机 C919 已经上天了，这是一个震惊世界的、了不起的重大成就，但 C919 首飞用的发动机仍是美国通用公司（GE）和法国斯奈克玛集团（SNECMA）联合研制的 LEAP-1C 型航空发动机。该型号发动机卖给美国波音叫 LEAP-1B，卖给欧洲空客就叫 LEAP-1A，两者之间的性能水平大致相当。

为了牢牢掌握 C919 飞机研制的主动权，我们在国家大飞机重大专项中，也安排了自主研制国产大飞机发动机——长江发动机（命名为 CJ-1000A），其主要性能指标与 LEAP-1C 相近。为此，在上海成立了中航商用航空发动机有限责任公司，作为责任主体，专门承担大飞机 C919 国产航空发动机的研制工作。

中航商用航空发动机有限责任公司成立后，科研人员工作努力，科研成果卓有成效，已突破了多项关键技术，值得高兴和祝贺。但话又说回来，一方面民用客机对发动机的技术要求越来越高，我将这些要求归纳为"三高、四低、一长"，即高安全性、高可靠性、高性能；低油耗、低排放、低噪声、低成本；寿命长。要在一个热力机械上同时实现这么多相互制约而又苛刻的要求，技术难度是非常大的，绝非一日之功。另一方面，自新中国成立以来，我国基本上没有搞过大型民机动力的研发工作，只在运-10飞机研制时制造过国外发动机，属于第一代水平。这就意味着我们必须从第一代发动机直接跨到第五代发动机的水平，否则即使搞出来了也没有市场竞争力，其研制难度之大不言而喻。所以，我们一直认为 CJ-1000A 型发动机今后还有较长的路要走。对此我们必须要有充分的思想准备，不能盲目乐观，更不能掉以轻心。但我相信，只要坚持走自主创新发展之路，举全国之力，下定决心，找准重点，打好基础，突破关键，持之以恒，我国自主研制的 CJ-1000A 型发动机一定能取得圆满成功！

3. 航空发动机的研制难度很大，很多人不太理解，他们常常会问，航空发动机研制究竟难在什么地方？

据日本通商产业省*分析，按产品单位重量创造的价值来

---

* 日本通商产业省是日本旧中央省厅之一，承担着宏观经济管理职能，负责制订产业政策并从事行业管理，是对产业界拥有很大影响的综合性政府部门。

计算，假如船舶为 1，那么小汽车为 9，电子计算机为 300，喷气客机为 800，航空发动机为 1400。这充分说明航空发动机是当代高科技的结晶，被人们誉为"皇冠上的明珠"。

航空发动机被称为飞机的"心脏"，国之重器，是军民用飞行器和航空工业发展的源动力，是决定现代战争胜负的重要因素之一，对国民经济发展和科技进步有着巨大的带动和促进作用。正所谓"一代发动机，一代新飞机"。目前，航空发动机的发展水平已是衡量一个国家综合国力、工业基础和科技水平的集中体现之一，是国家安全和强国地位的重要战略保障。

航空发动机是一种十分复杂的热力机械，需在高温、高压、高转速和交变负荷的极端恶劣环境条件下长时间可靠地工作，并满足推力（功率）大、油耗低、质量轻、寿命长、噪声小、排污少、可靠性高、安全性好、研制和维护成本低等众多互相制约而又十分苛刻的要求。一台现代先进的航空发动机拥有上万个零部件，须用轻质、高温、高强度的特殊材料制造，加工精度已达到微米级；高性能压气机叶片既薄又具有弯、扭、掠的构形，高速旋转时要长时间承受自身重量 2 万倍左右的离心力；薄薄的机匣要长时间承受 50～60 个大气压而不变形和损坏，这相当于 2.3 个蓄水高达 175 米的长江三峡大坝底部所承受的水压；涡轮叶片的气流环境温度现已高达 2000～2100K，远超过其金属材料的熔点，要求在 1 万～2 万转/分钟的条件下能够长时间可靠工作；现代民用发动机的寿命已长达 3 万小时以上，将来可能要超过 5 万 ~ 6 万小时；而且，对空中停车率的要求是发动机每 10 万飞行小时不能大于 2 次，这些都充分说明发动机的研制难度大、周期长、耗资多、风险高。可以毫不夸张地说，航空发动机的研制一直是在挑战工程科学技术的极限。正如《美国国家关键技术》所描述的："航空发动机是一个技术精深得使新手难以进入的领域，它需要国家充分开发、保护并利用该领域的成果，需要长期的数据和经验积累以及国家大量的投资"。

正因为如此，长期以来，美、俄、英、法等少数航空发达国家一直把优先发展航空发动机作为基本国策，将航空动力工业发展成高附加值的国家高科技战略性产业，把航空发动机技术列为严密封锁、严禁出口转让的核心技术，并逐步形成了对航空动力技术和全球市场的垄断地位。目前，世界上能独立设计、生产飞机、坦克、舰船的国家有几十个，能研制核弹、火箭、发射卫星的国家也不少，但能够独立自主研制先进航空发动机的国家却只有美、俄、英、法等少数发达国家。这些都足以说明自主研制航空发动机的难度是很大的。

4. 听说航空与航天动力相结合，将实现航空动力的"第三次革命"，应该怎么来理解？估计什么时候能得以实现？

这个问题很具有前瞻性和挑战性。飞机的发明和应用是 20 世纪人类取得的最伟大的科技成就之一，它使人们幻想几千年飞向天空的梦想变成了现实，极大地改变了人类社会文明和生活方式。现在，只要有机场，人们可以在 24 小时内到达全球任何一个地点，航空使世界变成了"地球村"。

目前世界上能够上天的航空航天动力大约有三种：一是涡轮喷气发动机；二是亚/超燃冲压发动机；三是火箭发动机。它们各有优点，也各有局限性。人们早就想到，如果能将它们组合在一起，发挥各自优势，能否形成一种新型空天动力呢？我认为答案是肯定的。但工程上实现起来的难度确实很大。然而，通过科学家和工程师们几十年的不懈努力，现在已经取得了许多令人振奋的成果。我认为这种组合动力是一定能研制成功的。这种组合动力一旦研制成功，就将实现动力的"第三次革命"。

未来的事实将表明：如果将这种涡轮／冲压／超燃冲压组合动力用于军事装备，其飞行马赫数（Ma）可达到 8~10。也就是说，这种组合动力在 1～2 小时内可以打击全球任何目标，目前世界上所有的导弹防御体系都将失去作用，变成"废铜烂铁"，但这将给人类带来巨大的灾难；如果将这种组合动力用于民航飞机，其飞行马赫数（Ma）可达到 2～4+，人们将研制出低噪声、低排放、能在常规机场水平起降的第二代超声速民航飞机，使北京—纽约的飞行时间缩短至 3～4 小时，可以实现早出晚归，"天涯若比邻"的人类梦想将真正得以实现；如果在这种组合动力上再加上一个小型火箭发动机，人类就可能实现常规机场水平起降"自由进入太空"的梦想。

　　这一梦想什么时候能够得以实现呢？这是大家感兴趣和关心的问题，但这一点我很难说得准确。根据目前世界科技发达的程度，再结合几大航空航天强国在组合动力研究方面所取得的重要进展，我们初步估计，人类的这种美好愿景，有可能在 2035 年左右得以实现。到那个时候，航空航天的这一重大成果，将极大地推动世界人类命运共同体的建设和社会文明的进步。在座的各位和全国各地的年青朋友们，我想这一伟大的工程科学创举必将在你们的手中得以实现，你们也可以亲自享受到这一伟大的科学成果！

　　5. 如何看待当前我国航空发动机的形势？根治飞机"心脏病"能取得成功吗？

　　21 世纪前四十年，是我国和平崛起、加快发展的最佳机遇期。当前，我国航空发动机面临着前所未有的严峻挑战，也迎来了前所未有的发展机遇。可以说挑战与机遇并存，困难与希望同在，而机遇要远大于挑战。

　　一方面，跨入 21 世纪后，世界航空发动机技术呈现出异乎寻常的加速发展态势，航空发达国家对我国的技术封锁更加严格，竞争在加剧。从美国举全国之力打压"华为"事件可以看出：真正的核心技术即使花大钱也是买不来、要不来、求不来的，以市场换技术也是行不通的，对此我们不要存有任何幻想，必须坚定不移地靠自主创新，牢牢地将核心技术掌握在自己手里。我们做为一个世界大国要向世界强国转变，没有强大的航空工业是不行的，没有强大的航空动力产业也是不可想象的。

当前，随着我国国民经济的加速发展、人民生活的不断改善，国际形势复杂多变，无论是民用飞机、军用飞机、无人机和通航飞机，都对航空发动机提出了很多的迫切需求，我们的压力在不断加大。靠购买国外的发动机是不可能实现强军梦和强国梦的。核心技术是买不来的，只能靠我们自己。研制大型飞机，同样要下这样的决心，做这样的准备。研制工作必须坚持以我为主、自主创新，全方位考虑。大型飞机的总体设计和总装一定要我们自己搞，发动机、机载设备和材料等，最终也要靠自主研制。我们只能靠自力更生，背水一战，要坚决打好航空发动机的"翻身仗"，尽快扭转航空动力落后、受制于人的被动局面，这不仅仅是一个难度很大的科学技术问题，而且也是摆在我们面前的一项严肃而又紧迫的政治任务，这就是我们所面临的前所未有的严峻挑战。

另一方面，我们也迎来了前所未有的发展机遇，迎来了航空发动机的春天。党中央、国务院、中央军委领导高瞻远瞩，在 2015 年正式启动了"航空发动机及燃气轮机"国家重大科技专项，并于 2016 年 8 月 28 日单独成立了中国航空发动机集团公司。作为航空发动机专项的责任主体，中国航空发动机集团公司下定决心要把航空发动机搞上去。这是党中央的一个重大战略决策，把航空发动机上升到国家重要战略性产业的高度来抓，这对加快我国军民用航空发动机发展，解决长期制约航空工业发展的"瓶颈"问题，对保障国家安全、促进经济发展、建设自立自强的创新型国家、实现中华民族的伟大复兴都具有重大的战略意义。

在短短的5年多时间（2016~2021年）里，在以习近平同志为核心的党中央坚强领导和全国各族人民大力支持下，中国航空发动机集团公司以"国家利益高于一切，动力强军、科技报国"为使命，以"两机专项"自主研发为重点，实施"创新驱动、质量制胜、人才强企"三大战略，发扬"务实创新、担当奉献"的企业精神和"严慎细实、精益求精"的工作作风，全面推进"以心铸心"重大工程，团结协作，埋头苦干，一定能破解"瓶颈"，补上"短板"，全力打造出强劲可靠的"中国心"，谱写出新时代、新阶段我国航空动力事业的新篇章。5年来，中国航空发动机集团公司取得了诸多重要成果和突破，多次受到党中央和各部委的表彰和好评。

动力强则航空强，航空强则军力强，军力强则国家强。我们的动力梦、航空梦与强军梦、强国梦是密不可分的。

在党的十九届五中全会上，习近平总书记再次把创新放在首位来强调，他指出"创新是一个民族进步的灵魂，是一个国家兴旺发达的不竭源泉，也是中华民族最鲜明的民族禀赋。"并指出"抓创新就是抓发展，谋创新就是谋未来"。党的十九届五中全会提出要"坚持创新在我国现代化建设全局中的核心地位，把科技自立自强作为国家发展的战略支撑"，强调"深入实施科教兴国战略，人才强国战略，创新驱动发展战略，完善国家创新体系，加快建设科技强国"。很显然，我国航空发动机行业也必须走创新驱动之路，自立自强之路，高质量发展之路！

我们坚信，在党中央、国务院、中央军委的坚强领导下，在全国人民、各部委和各军兵种的大力支持下，以习近平新时代中国特色社会主义思想为指引，举全国之力，彻底根治飞机"心脏病"一定能取得圆满成功，从根本上解决我国航空发动机的自主保障问题。我坚信，在可以预计的不远将来，一个航空动力强国必将屹立在世界的东方！

弹指一挥间，不知不觉自己今年84岁了。我是属牛的，"老牛自知使命重，不用扬鞭自奋蹄"。我在航空发动机行业中奋斗了近60年，对中国航空发动机事业充满着感情，充满着信心，也充满着期待。为了国产飞机都能装上健康强劲的"中国心"，我愿在有生之年，继续为航空发动机"鼓与呼"，继续贡献个人的一点点微薄之力，直到自己的生命之光熄灭为止！

深空探测人工智能技术应用与发展策略

中国科学院　叶培建院士

一、前　言

　　近几年，人工智能研究已形成一个非常高的热潮，热点的研究方向有很多，大家都在抢占技术制高点。有人说中美不相上下；有人说美国第一，中国第二。目前，国内的各个行业都在大力发展人工智能。我想说的是，人工智能说得这么热乎，成果是可以预见的，但是在预见成果的时候，一定要看到问题仍旧存在。人工智能涉及面非常广，我没有精力也没有能力进行全部的研究。但是，我是个航天人，所以我要对航天方面涉及的人工智能进行研究，比如飞行器任务中有什么人工智能。飞行器任务又很大，这些年来深空探测是一个很重要的方向，所以我又把人工智能聚焦到深空探测的应用场景。一涉及深空探测我们就发现，深空探测的飞行器，它的资源很受限，条件也很受限。因此，我们在深空探测方面，对人工智能到底有多大的期望值，我们客观的需求和可能怎么样，这都有待我们去研究。

我们知道，月球及深空探测正在稳步发展。2019年年初，"嫦娥四号"已经到了月背。现在"玉兔"和"嫦娥四号"都已经被唤醒，开始进行第七天的工作。2020年，我们就要发射中国的"天问一号"，一步实现月球的"绕落巡"。也就是说，我们通过一次任务就要对火星进行全球的观测，同时还要落到火星，最后还要将火星车开出来。如果能够实现，用一次探测任务完成"绕、落、巡"，这将是一个任务创新，全世界第一次，美国人也没成功过。将来，我们还要通过非常少的探测活动，大大提高探测器的自主能力。因为我们将来要在深空探测方面实现快、精、高、远。将来我们要去木星，还要去小行星等。目标探测会越来越远，火星就已经4亿公里，到小行星的探测，我们是准备了两个阶段，即附着采样返回和彗星的探测，任务在十年内完成。我们要到火星去取样返回，还要飞到木星，更要飞到100AU（1AU，即1个天文单位，约为1.5亿千米）。目标很遥远，飞行时间会越来越长，几年、十几年、二三十年。那么远的地方，未知的环境很复杂，这将是我们研究的对象、考虑的场景。发送一个信息，时延月球才1秒多一点，将来要达到近2个小时，所以会遇到很多难点。上传的指令延迟很大，数据传输率很低，因此我们几乎不可能对其进行实时操控，发现问题也不能及时抢救。而在那么远的地方，地面的测控精度也会很差，我们预先设计的轨道、目标位置，也会因种种情况的变化都不能达到，这就要深空探测器自主运行。但是如何使深空探测器自主运行做到非常可靠和安全，这就很难。可能发现故障时就已经来不及了；或者是飞行器越飞越远，而飞行器又做不大，因为飞行器体积大，火箭带不动。一个火箭打一个近地轨道，可以打得比较重。比方说，"长征五号"是目前我们最大的火箭，打地月转移轨道只有8吨，打地火转移轨道只有5吨，再打更远时质量就更小。到了天上以后，也可能由于种种情况的变化，任务会发生变化，这种变化只能由深空探测器自主规划。所以，这个任务的规划需求就很强。这些难点问题带给我们的是，我们有需求，要去研究人工智能，通过人工智能实现高度自主。人工智能，从大家熟悉的，如计算机的视觉问题、图像问题、语音问题等，到深度学习，提供了很好的基础。可以这么认为，当前大规模并行计算、大数据、深度学习算法等已经是人工智能的技术，能够被我们实实在在地应用。人工智能发展是一个良好上升的趋势，这对我们航天领域来说是一种有用的技术手段。

刚才我讲了我们的需求，我有了一个想法，就是把人工智能和我们的需求结合起来。在深空探测中，人工智能的基础是薄弱的。受器上资源等多方面的约束，人工智能的应用需结合具体任务的应用场景，权衡性能提升与系统资源消耗之间的关系，要深入分析与评估。不是说人工智能就是好的，好到样样能用，其实并不是这样的。人工智能在航天、在生活中怎么应用？围绕这两点，我们课题组做了点探索，试图回答两个问题：

一是总结、提出对深空探测人工智能技术应用内涵的理解；二是梳理了后续深空探测任务对人工智能技术应用的需求。

二、人工智能技术发展现状

到现在，人工智能的定义还找不到一个很权威的说法，但是人工智能已发展很长时间了。从 1956 年 8 月召开的达特茅斯会议到现在，科学家们提出了很多关于人工智能的见解。我与很多科学家是当面交谈过的，诸如麻省理工学院（MIT）的 Winston。很多科学家也写过关于人工智能方面的图书。所以，我认为在人工智能发展如此迅速的时期，从 1956 年到现在几十年，一直存在着不同的观点。我们往往在一个事情特别火的时候，要多听听不同的声音，这对我们技术人员是有好处的。我们先看看人工智能的发展历程：从 1956 年以后，人工智能发展得很快；但是在 20 世纪 60 年代到 70 年代，这 10 年间，由于任务失败，目标落空，人工智能进入反思发展期；到 20世纪 80 年代前后，由于专家系统以及其他的一些应用，人工智能转向使用。我本人在这段时间出国留学就被这个浪潮卷了进去。我在国外读博士时，专业是模式识别和信息处理，也做了人工智能方面的一些工作。比如，你们现在在手机上写一个字，就知道是什么汉字，其实这里面是有我研究的东西。我做手写字符识别在全世界是比较早的，得到了当时国际上著名的模式识别领域的华人科学家 King-Sun Fu（傅京孙）的夸奖。

1985 年,我在西班牙召开的国际模糊系统协会第一届大会上做了关于处理文字算法的报告。到了 20 世纪 90 年代,人工智能的应用进展很缓慢,根本无法使用,包括语音、图像等。经过这些年互联网的推动,计算机的发展和不断地创新,人工智能到了一个发展期。但是,我并不认为人工智能一直处于上升状态。既然人工智能中间有两次跌落,那么我觉得后面也不可能是永远上升,可能还会碰到一些比较困难的事情。

1. 人工智能主要研究内容

这些年来,人工智能的研究核心是在三个问题上,即学习、感知和交流。比方说,两个人,即一个机器人和一个姑娘,学习：水杯？人？怎么动？感知：水杯在哪儿？手在哪儿？交流说：要我干什么？

2. 人工智能主要成功应用案例

这些年来人工智能有很多成功案例,最成功的应用案例是博弈（但实际上这不是一个好案例）,比方说围棋。第二个比较成功的案例是无人驾驶汽车,无人驾驶汽车解决了已知特征图像识别技术、已知环境下不确定态势的抉择,假如把自动驾驶分成五级,目前无人驾驶汽车的实际应用水平也就是三级水平。也就是说,在特定环境内实现有限条件的自动驾驶,如高速公路、厂区。很长时间以来,人们把模式识别中很多内容都看成是人工智能。如果这种认识是对的话,那么语音识别、语音合成和语音翻译应该是有一些突破的,但是目前还是存在很大的瓶颈。随着计算机技术的大幅提高和人工智能在自然语言处理上的应用，文符识别及翻译取得了相当大的进步，但距离理想的"全自主、高质量"的目标还有很大的差距，主要面临的问题是，歧义的处理和灵活的意译。比如，这辆白车是黑车，机器就翻译不出来；又如，我请陈院长吃饭，说："陈院长，你能吃多少就吃多少"，机器它搞不清楚，怎么还能吃多少。当然还有很多其他的案例，我把这些案例归纳为"智能+"，诸如智能交通、智能机器人、无人机、穿戴式的智能联网设备、搜索引擎、新闻写作等，不一一列举。

3. 人工智能的瓶颈

虽然人工智能给我们带来很多便捷，但是我们也应该要看到存在的瓶颈。当前人工智能处于从"不能实用"到"可以实用"的技术拐点，但是距离"很好用"还有很多瓶颈。典型的例子是，波音 737MAX 里面有人工智能，人工智能的控制级别比驾驶员还高，结果呢，最后飞机没回来。

我们认为，人工智能从达特茅斯会议到现在，发展起伏，应用广泛，现状火热，进步很大，前景慎重。千万不要以为啥都可以人工智能。我们把人工智能的发展阶段分为单纯的控制到传统的人工智能，再到引入机器学习的人工智能和高级引入深度学习的人工智能。当然，人工智能有不同的特点。到目前为止，大量的人工智能还是引入机器学习的人工智能，还没有进入深度学习的阶段。人工智能的瓶颈就在于即便是在我们地面（和太空相比）

的情况之下，资源非常丰富，但瓶颈也是明显的。

三、人工智能技术在航天领域的应用

下面，我们就慢慢过渡到航天。航天本身不是很特别的。我们上学的时候还没有专门开设航天专业，我学的是无线电。很多技术是通用的，看用在哪里，在不同领域就会有不同的要求和特点。今天所谈我们的信息、我们的电子、我们的计算机，都是指我们航天技术专业，因此我这里讲的"航天"这个词实际上与在座的每个人都是很有关系的。

这么多年来，我们梳理了人工智能技术在航天领域的应用。

（一）地面系统中的应用

1. 地面系统

地面系统用得最好的是图像处理。目前我们可以基于深度学习的空间天文图像进行分析。也就是说，Kepler 望远镜获取很多图像以后，经过大量的地面处理，才能得到科学的结论。战场态势图片拿回来以后，基于深度神经网络，即使非专业人员进行导弹发射场定位也有 90% 的准确率。过去我们的图片拿回来以后是要有专业人员去看，那怎么行啊？如果在战场上，把你控制在一个地方，发几张图片给你都看不出来，因为这太专业化了，用计算机图像处理的办法可以帮助我们识别出是哪一枚导弹，哪一个坦克。人工智能通过大量应用深度学习来帮助遥感卫星进行图像分析。

2. 任务规划

任务规划有两种：一种是地面的离线自动规划系统，是地面的；还有一种是星载的，星载的有完全的自主。美国国家航空航天局（NASA）曾经研制一个航天任务规划调度系统（ASPEN），它是一种地面自动任务的规划系统，已经应用于很多任务中，比如，用于南极的测绘，快速实现地面的规划；空间星载，用于"罗塞塔"探测小行星，实现动态的科学规划。

（二）航天器中的应用

1. 地球轨道卫星

在飞行器中应用人工智能比较多的是地球轨道卫星，可以对已知特性目标进行识别。通过演示编队飞行及在轨自主性技术进行多星编队，实现软件的升级，但是其根本内涵还是目标识别。2009年，"战术卫星-3"主要进行故障检测和诊断在轨试验（图 1）。应该说，飞行器故障在轨诊断和故障处理算不算人工智能，我们有不同看法。由于卫星上，人上不去，所以故障检测和诊断这个实验证明了可以利用高精度的仿真数据进行人工智能的训练。

图1　战术卫星

2."深空1号"探测任务

　　"深空1号"探测任务在自主导航、自主远程决策、自主软件测试、自动代码生成方面都采用一定程度的人工智能技术，实现了一定程度的自主规划、诊断和恢复能力（图2）。通过"深空1号"，还是做一些自主规划与调度系统的技术验证，也再度验证了他们开发的一个自主故障终端软件。

图2　"深空1号"卫星

3. 地外天体着陆与巡视探测任务

地外天体着陆巡视，也就是月球车、火星车在着陆探测任务中，由于在着陆前，地面获取的天体的图像都是很遥远的，不是那么清楚，所以在着陆靠近以后，目标检测技术由基于底层的像素、纹理及其他形态学特征发展到更加抽象的高层表示属性。针对面向地外天体着陆的目标检测，结合人工智能技术构建适合行星障碍物的检测是未来行星探测的趋势。也就是研究怎么样由人工智能的介入来判别障碍。在巡视探测任务中，需要有更强的探测能力、更快的移动速度、更好的地形适应能力。现在这个月球车速度是很慢的，最快每小时也就 200 米。它需要一些自主能力，这里用"自主能力"，而没有用人工智能。自主能力主要表现在地形导航、视觉定位、绝对方位测量和目标探测方面。在这一方面，我们看到 2016 年 5 月"好奇号"火星探测器装载了一套器载智能软件，能够从导航图像中识别出科学目标，并使用相机对其进行测量，全程无须经过与地球的往返通信。

有一天"嫦娥四号"在走的时候，突然，照相机发现有个石头，这是很有意义，好像有一点价值在里面，它把图像传回地面，科学家看了以后认为不错，于是"嫦娥四号"不走了，要对这块石头进行观测。所以，后来从这块石头上得到了很多科学成果。应该讲，我国的"玉兔"月球车和"好奇号"还有差距。"玉兔"月球车具备自主实现移动过程中的导航定姿定位、环境感知、避障规划、紧急避障、运动协调控制等能力，但出于工程实施可靠性考虑，目前在任务当中，还要加上人工干预，接收到搜索地面的判断意识再执行，准备到任务后期，再完全放手，让它自己执行。

4. 科学探测与遥操作

在科学探测任务中，主要的需求是利用智能目标辨识来辅助这种规划。在遥操作任务中，目前主要发展趋势是利用增强现实、虚拟现实以及混合现实等相关技术，构建探测目标环境，使科学家能够身临其境地探索目标。否则很遗憾，探测一个小行星，飞过去了，飞了好几年，到了那里以后，由于我们对这个目标识别不很清楚，结果所探测的科学意义不大，那就太可惜了。所以，一定要找一个具有很大科学意义的目标来进行探测，而且这不可能事先选定。那种小行星谁也没去过，所以这就要利用人工智能的各项技术来辅助完成。

（三）概念技术热点

1. 群智能技术

当多个智能体单独或协同完成探测任务时，比方说美国的小行星勘测任务，计划发射千余颗纳卫星，让千余颗纳卫星围绕着一个小行星进行探测。有的是去探它的形状，有的去探它的自转速率……在发现了有意义的事情以后，再集中上百颗纳卫星来进行观测；通过每颗纳卫星上的人工智能系统，开展单颗航天器或团队层面的控制活动。因为用一个小的行星探测器，是装不了那么多可探测设备的，抓了很多又可能没有用场；如果发射 1000 颗纳卫星，各有各的用场，最后把它的优势发挥起来。那么 1000 颗纳卫星怎么控制？这个就是群智能技术，是我们所要研究的。

2. 人机协同

人机协同是在有人系统与无人系统之间，如何在组织决策、规划、控制、感知等方面各自独立计算、存储、处理，又通过自发且平等地交付共融，达成共同目标的群体行为。根据我所看到的资料，波音 737MAX 就是没有处理好有人系统与无人系统之间的配合，把无人系统、人工智能的权限设置得太高。

我国的自主技术起步还是很早的，布局也很广。因为我们的航天器最大的追求目标是自主，所以慢慢地有了一些人工智能在里面。但到目前为止，我们认为在航天领域，人工智能应用方向还是很少的，深度也不够。具体来说有三点：第一，目前人工智能多应用于环境及态势感知方面，如模式识别、导航、天文图像识别、地形地貌识别与建模、故障诊断以及任务规划等；第二，当前航天领域的应用主要在单机或者子/分系统层面，如自主导航、避障等，严格来说并不属于人工智能范畴；第三，由于将来空间的群越来越多，甚至还有载人登月，人机交互多，所以空间的群智能和人机交互的技术逐步成为热点。这就是我们对当前人工智能在航天领域应用的一个总结。

四、深空探测人工智能技术应用内涵

（一）深空探测人工智能技术应用内涵分析

1. 相关术语的内涵认识

从 2001 年开始，我们团队就一直在研究深空探测。所以，对人工智能研究就不能泛泛而谈。要看看深空探测里面到底人工智能技术应用内涵是啥。首先有几个术语要进行交流，即自动、自主和人工智能。我们认为，"自动"是指通过预先规划好的指令序列，对设备、过程或系统进行直接控制；"自主"是指系统具备不依赖外部控制而能够独立操作完成目标的能力。而 NASA 2001 年定义：自主远远高于自动化，是一种老练的系统级决策，可以应对不可预期的形势。"人工智能"是使系统能够推理并执行合理操作，完成特殊目标的技术。

2. 对术语间关系的理解

术语之间的关系。首先很多东西是有人操作的，自动控制技术，自动是实现自主的基础，而自主的最主要特征在于在一定范围里自行决定和自给自足。而人工智能技术是实现，但更多是提升自主能力的一种技术途径。在航天器里面，我们认为，人工智能不是我们的终极目标，自主才是我们的终极目标。我们的要求并不高，并不追求现在各种人工智能书里所宣传的那样，我们讲的人工智能只是提高航天器的自主能力。但是有这个需求，要看看在深空探测领域应用人工智能有一些什么约束。

3. 深空探测领域应用的主要约束

我们认为，不仅要考虑是否在该应用方向上系统需要具备自主能力，而且要考虑应用人工智能技术所带来的资源消耗，也就是需求和应用可能性。第一，来看看有几个资源约束。飞行器的质量、功耗，影响了各种设备。设备不够，能力不强，就影响态势感知能力，影响任务决策能力，影响故障诊断及处理能力。第二，器上的运算及存储能力。由于运算及存储能力的受限，就无法实时完成系统更新。不能实时完成系统更新，就难以持续优化系统。第三，测控数据码速率也非常有限，就会造成延时、带宽、窗口等问题。这些都是深空探测应用人工智能需要解决的问题，所以就必须要考虑我们获得的好处和付出的代价。

4. 对深空探测人工智能技术应用范畴的理解

我们认为，在深空探测任务的规模、测控、能源等器上资源受限的条件下，采用人工智能技术使探测器具备一定的学习和推理能力，能够在陌生的、未知的不确定环境中实现或提升局部的自主功能。我们讲的"一定的能力"是局部的自主功能。有了它，实现自主自然是好事，可以应用人工智能技术提高探测器的自主能力，但是这种提升是局部的，是要付出资源的，它是受限的。所以，我们觉得应该一步步慢慢思考。首先看看深空探测器自主能力需求的场景是什么，有了场景就要看需求的具体方向是什么，有了具体方向后，在这个方向能用的人工智能的技术方案是什么。最后把它们结合起来，就能得到人工智能在深空探测中的应用方向。

（二）深空探测自主能力需求场景

有自主需求或提升自主能力的具体场景，可以应用人工智能技术。比方说我们需要时效性，决策制定要求的速度超过了通信约束，决策时效强（控制、健康和生命维持很急），就必须由器载系统来决策。决策和决定要依赖样本，样本在哪儿呢？就必须带着器载。所以，器载丰富的数据能够获得更好的决策样本。有的时候期待决策，机器要重新调整，系统也要重新调整，以促进鲁棒性的提高。某个部分要降低系统结构复杂性，就要重新进行优化设计，这就需要人工智能。或者是降低系统的消耗，但要提升性能，这就要进行权衡。像提高时效性，提高样本的可靠性，优化设计，更好地进行权衡，这些场景我们认为是深空探测中所需要的场景。

（三）深空探测自主能力需求梳理

我们来看看深空探测有哪些能力是需要人工智能的。这里我们参考了NASA。NASA出版了一个新版的空间技术路线图。这个新版路线图有16个具体方向，应用到自主技术方向共有7

大类、46个子类、101个子项。经过梳理，其中，可以考虑应用人工智能技术的共34个（图3）。

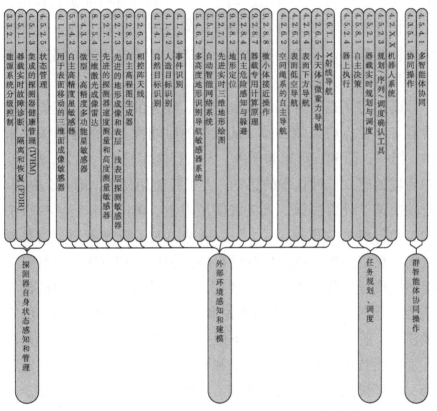

图3 空间技术路线图中应用人工智能技术项

（四）深空探测人工智能应用方向

将上述34项技术根据功能分类，归纳起来有四个大方向：一是探测器自身状态感知和管理，你要干活，需要知道自己身体好不好，需要自主状态感知和管理。二是外部环境感知和建模，你在深空、在月亮、在火星、在木星，需要感知外部的环境和建模。三是任务规划、调度，任务随时都可能进行调整，优化任务的规划和调度。四是要靠集体的力量来工作，即群智能体协同操作。因此，把这 34 项技术归纳成任务、感知、决策和执行四个方面。

既然讲了自身外部的环境感知、任务的规划等，我们就来看看工作重点应该放在哪。从任务的时间性，它的逻辑关系来讲，第一，任务。对探测任务，人工智能用得上。第二，感知。对环境的感知、对状态的感知，人工智能用得上。第三，决策。行动决策、处置决策，人工智能用得上。第四，执行。执行机构，执行机构这里打个"？"，不是说人工智能不用，而是要权衡。我们认为，通过传统的自动控制理论和方法，执行机构能够完成任务规划得到的命令要求，到目前为止，我们还没有认为利用传统的自动控制理论和方法实现的执行机构不能完成任务。所以，在深空探测资源受限的条件下，这些是否采用人工智能技术，需要什么效果和资源消耗等，需要进行认真权衡，不是说到处去用人工智能。所以，在整个任务、感知、决策、执行方面，我们只说前面这 3 个应用人工智能。

（五）深空探测人工智能应用层级

人工智能可以在局部范围实现或提升系统的自主能力。在应用层面上分为 4 个层级：任务级、系统级、分系统级和单机级。单机级，是最低级的，如双目相机，单机级可以采用图像辨识技术；分系统级可以完成环境建模、三维地形重构；系统级，如巡视器，它可以在未知环境中自主移动，完成机器人操作等；任务级，比方说在月球科考站，那么多机器人，怎么工作？其中某些机器人坏了以后，如何对科学目标重新规划？如果一个小行星探测器，想让它飞到 A 星，结果由于种种原因，飞到 B 星去了。歪打正着到 B 星去了，那就要立刻调整任务，像这些我们认为是任务级的。

五、深空探测任务人工智能技术应用需求分析

我们国家将来要开展的目前已经比较有把握的就是探月四期工程，也就是建立月球科考站；要进行我国的首次小行星探测，分 10 年完成，前三年完成小行星的伴飞等；接下来是火星取样返回；木星系和行星际探测。预计 2030 年左右，我们要发射木星探测器。也就是在 2030 年之前，基本上要完成几个任务的开端，如火星的首次探测、探月四期工程、火星取样返回、小行星探测、木星探测等，这是我们可见的任务。

（一）小行星探测

在小行星探测任务第一阶段，要对这个近地小行星 2016HO3 进行探测，并且要取样。它的飞行阶段很多，任务非

常复杂，有轨道转移、借力、伴飞、接近、附着，采样后还要再飞起来，最后还要返回地球。所以，任务非常复杂，我们准备 3 年，完成 3 年的任务以后，回到地球，把该送的送回来，再重新建立并飞向主带去探测彗星 133P。

整个过程中探测的对象物理特性非常特殊且未知性强，如形状不规则、引力微小多变、表面地形未知。一个着陆器怎么着陆，如果它找不到一块地方着陆？这就要求我们实施高精度定点的着陆。但是它恰恰不具备实时测控的通信条件，这就对全自主的操控要求很高。小行星探测任务难点这么多，所以带来一些技术问题。首先，自主导航与控制技术，包括自主任务规划、多阶段任务控制、自主故障诊断。其次，附着过程障碍识别技术，包括地形数据的建模、图像识别、环境感知。最后，导航敏感器，包括大范围运动过程中的数据获取能力、目标小天体物性的信息感知能力、附着采样过程中的制导决策能力。所以，就要用机器学习的办法产生智能和知识，要在轨运用知识，从观测结果中直接生成决策或其他操作动作，而不是事先定好的。这种模式在目标物性未知和不确定环境中的空间操作具有一定的可行性，这对我们来讲是非常有用的。

潜在的需求是利用人工智能技术实现在轨的目标识别、导航制导及操作任务。主要应用在单机级和分系统级层面，如下面五个方面：基于多源观测信息的高精度自主导航技术；自主抵近与附着、取样等主动操控技术；自主环境感知与障碍识别技术；精确定点着陆自主控制技术；系统级自主故障诊断与重构技术。

（二）火星取样返回

我们要去月球，本来 2017 年就能实现，因为"长征五号"不太理想，拖到 2019 年，但 2019 年也不行，2020 年肯定行。这也符合我们给中央的报告。2003 年我们给党中央的报告讲了 2020 年前完成无人探月三步走：巡、绕、落，以及取样返回。火星的采样返回要比月球的复杂。由于我们的大火箭比较难，所以我们的火星取样返回还要进行两次发射。我给大家透露一下，我们用"长征五号"打一次，打一个规范组合体达到火星，然后用"长征三号 B"把着陆器和上升器也打到火星。到火星以后，着陆、采样、上升、交互、对接、回来，这个过程非常复杂。带来的问题就是：一体化智能机器人多点取样、复杂未知环境下高效移动技术、可适应多取样形式需求的轻巧型模块化设计、自主智能管理技术等一系列机器人、智能控制技术。其实最关键的环节有两个，一个是样品采集环节，另一个是交会转移环节。人工智能的潜在需求有：

第一，样品采集。受复杂环境及测控条件的约束，采样机器人需要对工作环境和自身状况进行智能判断，通过器载的状态管理以及对外部环境感知和建模，分析并实时确定，调度探测器执行自主进行的目标修订和任务决策，在保证探测器安全的情况下完成取样封装任务。

第二，交会转移。"神舟"飞船和"天宫"的交会对接只有 300 公里，月球的"嫦娥号"往返交会对接，在 40 万公里之外；由于火星离地球太远，火星的上升在4亿公里之外。而测控反馈需要几十分钟，上升器本身从火星起飞以后，入轨精度也很有限，所以轨道器需要配备更宽测量范围的敏感器，用于搜寻上升器，并自主导航完成与上升器的交会。交会以后，都要采用无对接捕获机构，同样受测控限制，轨道器需要配备测量精度很高的敏感器，完成高精度的捕获和样品的转移过程。图4为火星取样返回。

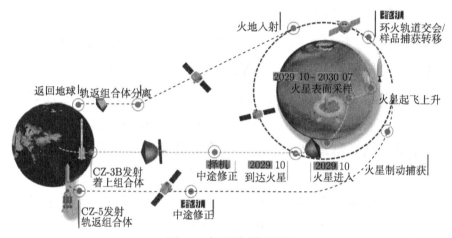

图4　火星取样返回

（三）后续无人月球探测

　　月球时期，要开展月球资源的原位利用，为太空资源利用打下基础；要开展新技术验证，支持更远的深空探测；要开展月基科学的研究，推动空间科学的发展；要为载人登月提供短期驻留环境和技术验证；还要成为国际合作、军民融合的基础平台。所以，我们还会有"嫦娥六号""嫦娥七号""嫦娥八号"完成这些任务。也就是后续的无人探月，要从探索型向应用型转变。难点体现在3个方面：第一，探测器在未知、恶劣的环境下如何适应和生存；第二，多探测器组网的信息交互；第三，机器人需在地外天体上短时间内完成复杂的操作任务。这是后续无人探月，建立一个科考站遇到的一些难题。它的潜在应用需求很清楚：第一，将实现对月球极区撞击坑内永久阴影区进行飞跃就位探测，探测器应具备自主避障、自主决策、自主路径规划和智能操作等功能；第二，规划了智能机器人勘察巡视任务，机器人将承担月球极区月面恶劣地形环境下的大范围移动、载荷布置、精细操作等任务，为完成以上任务，需要机器人具备一定的智能水平；第三，三次极区探测任务将使月球极区同时有8个探测器在工作（着陆器、巡视器、飞跃器、轨道器、中继星等，再加上 n 个机器人），需要实现多器协同操作。所以，利用人工智能技术模拟月面环境，对飞跃探测器和勘察机器人建立先验知识库，优化软件，提高硬件的性能，采用系统级封装（SiP）和系统级芯片（SoC）等集成技术来降低资源的消耗。

（四）载人月球探测

最终，我们是要实现有人探测月球的。尽管国家现在对月球探测的任务还没有确定，但是在做月球的先期攻关技术工程中，国家已经在经济方面给予了大力支持。现在，我们已经进入关键技术的深化研究阶段，将全面掌握载人天地往返运输、交会对接、出舱活动、载人长期飞行和载人空间服务等技术。这是我们对载人月球探测的一个想法。

载人探测有载人的优势。首先在决策判断上，人的能动性远远优于人工智能等技术，在面对未知情况时可以做出快速合理的选择。但是现有的技术无法达到实时测控与通信，机器只能通过预先设定的程序进行决策判断，决策判断速度很慢。人通过直接或者间接的参与，可以使机器接近实时地完成操作，从而可以直接获得第一手的数据和感受，使得探测效益最大化。这就是载人探测的优势。另一个优势是可以维修、维护机器，人能够直接或者间接地参与，使机器能够获得更好的维护，长时间保持系统的探测能力。有人参与的故障诊断和系统重构优于计算机自动处理的结果，对于某些前期故障，可以及时排查维护，避免故障加重以致损坏。

当然，载人探测也面临很多问题。有了人以后，我们的落点精度就要更高，冲击的载荷要小，最后还要安全可靠返回地球。这个难度非常大，尤其是增加了维系人类生存的系统，比如居住系统、生保系统等。有了人，人在里面说话，他的家人想看看他，于是通信、图像传输数据率就要求更高。另外，还要支持人类在地外天体上大范围的探测和作业。所以有了人以后，像这些要求就必须要提出来，还要适应地外天体空间环境，免受月尘、空间辐射等影响。同时，安全性、要求性、可靠性都要高，还有应急救生的要求。

这些问题产生以后，我们认为载人月球探测主要应该是以人机联合作业的模式，充分发挥航天员的主观能动性，提升探测系统的判断力、决策力和执行力。我们对人机联合作业，输入一些智能方面的需求。第一，有人参与的时候，人应该是司令员，机是智能兵。在人机协作系统中，人行使决策的权利，机器具备智能完成决策的能力。只要有人参与，千万不要让机器单独决策。第二，智能机器人与自主控制技术。我们认为，要重点研究高集成度的、灵活的末端操作技术，要"类脑"的智能机器人技术。第三，先进人机交互技术。既然人是司令员，机是智能兵，就要重点研究全方位信息显示技术、先进的语音交互技术以及脑-机接口技术。人和机器在一起，但是要觉得自己带的是几个活生生的兵，讲的话大家能听得懂，最好眼睛、眼神还能看得懂。这样，人就能发挥最大的作用。

（五）木星系及更远边际探测

我们还要去探测木星系，去更远边际探测。准备在2030年发射一个探测器到木星，然后到二〇三几年时，即在探测器快要飞离木星时，要分离一个穿透器，主星继续飞向木星。主星被木星捕获后，再对木星进行观测，然后再对木星中感兴趣的卫星进行观测。木星的卫星很多，也非常有科学意义。与此同时，那个分离出来的穿透器要继续向太阳系边际飞行。我们准备 2020 年发射中国的"天问一号"，想在 2021 年，也就是建党一百周年之前，落在火星并进行火星探测。我们在 2030 年前后发射木星探测器，目前希望在 2049 年，也就是新中国成立一百周年的时候，能飞到 100 AU。美国"旅行者号"已经发射好几十年了，肯定走在我们前面，但如果我们能在 2049 年飞 100 AU，那么也能位于世界第二。

木星系以及更远边际的探测，主要的难点在于距离更加遥远。因此，所有的测控都只能是大延时的。对于探测器的导航、健康管理及科学任务规划都没有办法及时处理。因此，对木星这样的探测，重点开展探测器自主运行技术研究，确保探测器具有整个任务阶段的自主管理、自主导航能力。这里，自主性是第一位的。同时还要注意，要利用人工智能技术使探测器能够自主发现可能出现的、有意义的科学现象，自主开展科技探测（不是我们事先设计好的），并能够进行长期的自主科学任务规划，让探测器具有未知环境中的科学探知能力，丰富任务的科学内涵。总之，必须具备两条，即生命要顽强，还要和人一样聪明，能干很多事情。这就是我们要对木星及更远边际的探测。

根据深空探测人工智能技术的应用方向，对我国后续深空任务的具体需求进行分析，结合任务的目标和主要难点，对人工智能技术的应用发展需求和路线进行初步梳理，如图 5 所示。

深空探测人工智能技术应用与发展策略

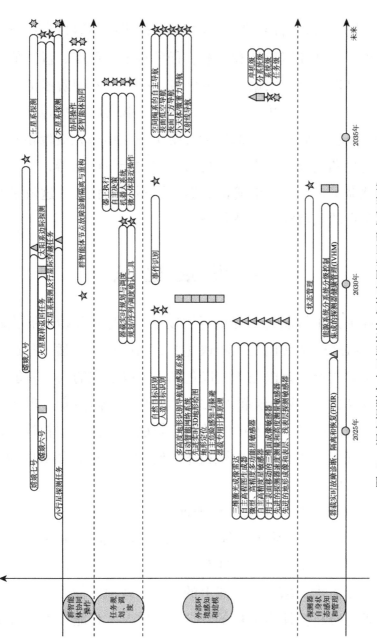

图 5　深空探测中人工智能技术的应用发展需求和路线

从图 5 可以看出，2025 年以后，按照探测器自身状态感知和管理，外部环境感知和建模，任务规划、调度，群智能体协同操作这四大块，根据不同的任务，提出在不同阶段的发展需求。比如，对自身状态，首先要解决器载实时的故障诊断、隔离和恢复。然后对于外部环境，要实现三维激光成像雷达，自主的高程图生成器，微型、高精度多功能星敏感器，自主高精度敏感器等，在不同的阶段，提出了不同的任务。这就是我国目前制定的几项深空探测任务。

六、发 展 建 议

我国人工智能技术提出得比较早，只是一开始发展比较缓慢，但后来的发展还是比较快速的，当前势头很猛。我这次从北京来的时候，旁边坐了个以色列人（以色列的人工智能技术是很发达的），我俩谈起人工智能，他夸我们国家：现在美国第一，中国第二。虽然中国的人工智能技术发展比较快速，但距离"好用"还有很多瓶颈技术，特别是在航天领域的应用，还相对较弱。

自主技术是深空探测任务面临的核心技术，涉及的要素有：人、地面的自动化设备，器上的智能自主设备，探测环境，要把这些要素结合起来，针对人工智能技术的具体应用，充分分析实际需求，综合考虑器上的资源、地面的能力约束等，深入梳理与分析具体需应用的环节，评估人工智能技术所带来的效果、好处和代价，有所为，有所不为，使人工智能技术得到良好的发展和应用。任何行业发展人工智能都需要认真地评估，不要人云亦云。为此提出几个很具体的建议：

1. 稳步提高探测器的自主性能

探测器，尤其是深空探测器，后续的主要需求仍是自主化，具体聚焦于环境感知、状态感知、任务规划等方向。所以，提升自主性能是未来深空探测器发展的重要方向。而自主性能不是通过后面去加，而是从探测器方案构想设计之初就要从任务的需求出发，根据先验知识和对任务不确定性的预估，优化设计环境及状态感知的探测设备，使之能够适应探测器的自主性能需求，更有效地支持相关软件和算法。换句话说，要对环境比较清楚，但又不十分清楚，要清楚设备既能应付想到的情况，又能应付想象不到的情况。

2. 牵引器载软/硬件能力的协同发展

深空探测器应用人工智能的瓶颈在于器载硬件设备性能的约束。在采用专业知识和适当降低精度的方式简化算法的同时，要充分利用各类深空探测器对人工智能技术应用的需求，提升牵引器载软/硬件设备的能力，逐步解决深度学习的大规模计算问题。

3. 利用专业优势，充分运用深度学习算法

以深度学习为代表的人工智能算法，其特点在于计算机总结特征有足够大的"样例"即可，不需要太多专业人员的人力

投入，就能够总结出大量人类认识不到的特征，准确率高，但需要大量样例。深空探测领域应用人工智能，应充分利用深空探测多年来国内外的发展经验和专业知识（这里为什么强调国内外，是因为大样本的深空探测任务全世界加起来也不多，所以必须利用国内外的经验和知识，否则，我们的样本会很少很少），采用传统的算法处理各系统中确定的部分，采用深度学习算法处理不确定部分，降低算法的复杂程度和对样例的需求。

4. 充分借鉴地面人工智能技术的经验，以"通用-专用-通用"的路线发展应用

我国航天深空的人工智能还是比较薄弱的，但是地面人工智能技术发展得比较好，所以，我们要充分借鉴地面人工智能技术的经验，走"通用-专用-通用"的路线。也就是利用地面发展的人工智能芯片，根据探测任务约束和具体需求，对地面人工智能算法进行简化、移植和应用；将地面应用的"通用成果"转化为探测器专用的器载软硬件。等具有一定的基础以后，把地面上通用的软硬件根据深空探测条件，逐步发展为专门适用于深空探测的软硬件，使其由地面转化的专用软硬件，转化为普遍可适用于深空任务的通用化探测器软硬件。这就是我们提出来的发展路线。

5. 充分积累深空探测数据样本，构建地面数据支撑与仿真验证平台

因为样本再多也是有限的，所以地面的知识仿真非常重

要。人工智能技术发展主要的驱动是大数据样本的支持。而深空探测任务的数量、种类和数据样本相对匮乏，所以建议充分利用各方资源（包括国际合作），逐步建立覆盖系统、分系统、单机各级的设计数据、地面测试数据、在轨数据的全周期、全流程的系统支撑平台。在任务执行前，充分利用地面或空间装置获取探测目标的特性和模型数据，逐步建立接近真实任务的场景，获得大量样本供人工智能系统学习，以更好地支撑任务设计与实施！

低空网络与无人机

中国工程院　樊邦奎院士

北京市信息技术研究所　李云

一、无人机低空网的构建

继"大陆世纪""航海时代""太空探索"等地理空间开发之后，低空正逐渐成为人类经济活动和资源开发利用的新空间，以万物互联为背景的"数字低空"时代正在悄然来临。以低空空域为依托、无人机产业为主导的低空经济，将为我国经济社会转型发展提供新动能。2018年6月，《时代》周刊杂志刊发以"无人机时代"为主题的封面报道，无人机这一重大技术很可能正在走过其发展的历史拐点，即将从愿景走向大规模实用阶段，成为大众日常生活的一部分，天空变得更加忙碌的一天不可避免地将要来临。

（一）低空网络是无人机产业发展的基石

为支撑无人机应用产业化发展，迫切需要从网络容量、覆盖范围、智能控制、安全管理、业务类型等方面实现全面创新，深度融合运用云计算、物联网、大数据、人工智能、移动终端等信息技术，加速推进低空网络建设，其主要功能需求体现在无人机系统控制、空域管理、飞行与行业安全管理、通用航空产业发展等方面。

1. 无人机系统控制

无人机系统控制要素主要包括遥控、遥测、跟踪定位与信息传输。从目前无人机系统的飞行测控通信技术来看，主要是采用"站-机-链"运控方式。运用测控通信链路，将手持遥控器、便携控制站、车载站、固定站等与无人机飞行平台构成"一站一机""一站多机""多站一机""多站多机"等多种形式的无人机系统。这些测控方式存在系统建设成本高、频率资源与控制范围受限、多机协同困难等诸多问题。表1给出3种不同型号无人机"一站多机"控制方式的数据链成本估算，其数据链成本约占无人机系统总成本的30%以上。因此，为提高无人机系统测控效率和协同能力，降低无人机系统制造综合成本，迫切需要构建覆盖广、带宽大、具有确定性时延的网络化无人机测控体系。

2. 无人机飞行空域管理

现行空域管理主要采用以航路航线为基础的空中交通管

表1　3种不同型号无人机系统数据链成本估算

无人机	系统成本	数据链成本	数据链成本占比
某小型无人机	100万元（一站三机）	约30万元	30%
某中型无人机	1.49亿元（一站八机）	约4700万元	31.5%
某大型无人机	1.46亿元（一站三机）	约4900万元	33.5%

控方式，无论是客运还是货运等各类航空飞机都需要按照航路规划，依托地面固定的雷达、导航台等引导控制飞行，一旦飞出航路航线区域，空管部门将不能实时掌握其飞行情况。事实上，由于地面固定的雷达、导航台等导航设施的布局受地形地貌限制，航路航线或飞机飞行轨迹往往都不是直线。因此，航路航线是现行空域管理的基础，目前我国共有1140余条航路航线，所有进入我国空域的飞机都应按照规定的航路航线飞行。2016年MH370事件以后，我国要求民航客机每15分钟进行一次主动位置报告，以便更好地掌握飞机的实时位置。

现行空域管理方式主要是针对有人驾驶飞机设立的，这种方式不能满足未来大批量、大范围、密集型使用无人机执行飞行任务的需求。迫切需要发展一种非常高效的网络化管理手段，对无人机进行飞行监管。尤其对于超低空作业和娱乐类无人机，在网络支撑下按"会飞的手机"模式进行管理将更为简单。

3. 飞行安全管理

随着无人机产业的发展，低空飞行公共安全管理日益引起关注。对于合作目标的飞行安全管理，必须着力解决"可观测""可规避""可控制"三个问题。在智联网络环境下，解决这些问题将成为可能。

（1）"可观测"主要是指利用主动探测技术和被动探测技术，以及网络化的探测系统对空中目标进行探测，确保不出现遗漏，包括飞机主动发送、光电主动追踪、雷达主动追踪、信号被动探测等。

（2）"可规避"主要是指无人机利用数字化和网络化的空间信息，主动感知周边环境，并与其他飞行器进行交互，实时灵敏地做出规避动作等。

（3）"可控制"主要是指对于某些合作类无人机，在其任务不明、行踪不定的情况下，要有第三方网络化的控制手段，包括信号干扰、破解链路控制、第三方授权控制等。

4. 行业安全管理

手机、平板电脑、笔记本等移动智能终端上的应用程序（APP），通常都在采集硬件设备和用户行为信息，经用户授权，可用于一些商业应用分析。这些 APP 包括底层操作系统自带、设备厂商植入、运营商定制、第三方程序等，通过运管商网络发往 APP 指定目的地。主要用途包括：一是设备厂商监控系统软硬件状态；二是运营商监控系统资源使用情况；三是 APP

开发者获取用户行为信息。将来无人机同样是一个移动的智能终端，类似手机、平板电脑、笔记本等智能终端的需求，无人机也同样存在。无人机将成为空中机动飞行的智能终端，由于其高度变化大，现有地面网络难以满足需求，必须对现有地面网络进行技术升级，以满足各类企业和行业对无人机的运维管理需求。

（二）信息基础设施是构建低空网络的核心

信息基础设施通常是指通信光缆、微波、卫星、移动通信等网络设备设施，既是国家和军队信息化建设的基础支撑，也是保证社会生产和人民生活的基本设施的重要组成部分。用于无人机运行的低空网络不需要重新建立，而是要依托于国家现有的基础设施，通过增加专用软件形成一套逻辑上独立、物理上共享的系统，也必然会成为一种新的信息基础设施。因此，这些新的信息基础设置将成为无人机使用的低空网络。

我国信息基础设施实力雄厚，覆盖范围广泛，主要体现在以下三个方面：

（1）移动通信基础设施。我国移动通信基础设施实力雄厚，目前共有 648 万个移动通信基站，其中 4G 基站 372 万个，是全球最大的通信基础设施，覆盖除无人区外的全部国土、国道、省道、铁路沿线，且铁塔之间通过光纤互联。

（2）互联网基础设施。截至 2018 年 12 月，中国通信光缆总长度 4358 万公里，互联网宽带接入端口达 8.86 亿个，覆盖全国所有城市、乡镇和 95% 的行政村。截至 2018 年 12 月，我国以互联网为重要载体的数字经济总量达 31.3 万亿元，占 GDP 比重超过 34.8%。

（3）卫星基础设施。中国低轨卫星星座计划统计如下：航天科技，300 颗；航天科工，156 颗；九天微星，800 颗；银河航天，超过 1000 颗；信威集团，32 颗；欧科微集团，大于 28 颗。国外很多企业也在开发低轨卫星星座，例如，美国 SpaceX Starlink 公司计划发射 11943 颗。这些低轨小卫星一旦发射将会形成未来移动通信的 6G 网络，可为支撑形成无人机专用网络创造非常好的基础设施条件。

（三）无人机专用网络

用于特殊行业的无人机用户专用网络，同样也是无人机低空网络的一部分。比如依托公安指挥专网构建的警用无人机控制与信息传输网、军用无人机群自组网等。无人机在低空网络下的运行场景如图 1 所示，低空网络可为无人机从发射升空、入网、执行任务、网络与安全管理、离网、降落回收全过程提供实体网络支持。

无人机产业孕育出一个新型网络——低空网络，并且低空网络要从系统容量、覆盖范围、智能控制、安全管理、业务类型等方面实现全面创新。

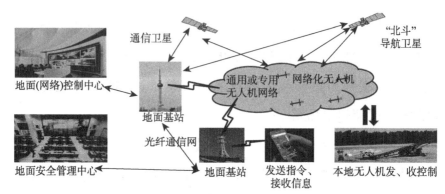

图 1　无人机在低空网络下的运行场景

（四）开启低空智联网新基建

低空智联网是在低空空域（通常为 3000 米以下，具体依不同地区需求而定）融合网络化、数字化和智能化技术构建的智能化数字网络体系，是发展低空飞行器行业应用最重要的信息基础设施，对打造数字经济新兴产业具有重要意义。

低空智联网新基建（新型基础设施建设）将成为构建低空治理体系的重要抓手。开启低空智联网新基建主要包括：

（1）低空网络化工程。依托 5G 网络、低轨卫星网及地面互联网等基础设施，构建适合低空业务运营的实体网络。

（2）低空数字化工程。创新空间剖分和数据编码方法，将低空物理空域数字化，构建数字交通栅格，使物理空间具有可标识、可存储、可计算的新属性。

（3）低空管理智能化工程。在低空网络化和数字化基础上，建立统一的低空业务运营管理架构，推动航线规划、飞行控制、避障防撞、空域安全等智能化管理变革，低空飞行器将由传统操控模式向数据驱动模式转变，实现低空飞行器可观测、可规避、可控制。

发展低空智联网新基建，可实现低空治理体系的网络化、数字化和智能化，将大幅提升低空治理和资源使用效率，释放低空经济发展潜能。

二、低空网络对无人机产业的影响

无人机运营不仅是一种交通范式，而且能在农林牧业、工业生产、社会服务等多领域发挥重要作用。在低空智联网新基建的引领下，无人机产业应用将以数字技术为关键生产要素，融合信息网络、云计算、大数据、人工智能等前沿技术，实现无人机生产经营、生活消费、监管服务的数字化，改变无人机产业应用运营流程与作业方式，将催生"无人机+"生产模式、服务业态与作战方式，对第一、第二、第三产业发展和战争形态演变都将产生深远影响。

（一）催生新的生产模式

无人机系统技术的迅猛发展与广泛应用，将成为推动经济发展质量变革的重要引擎。

（1）无人机系统制造业发展以及无人机在生产线上的应用将促进工业升级发展。无人机系统的研制与生产将推动后信息时代物联网、大数据、人工智能、移动终端等技术深度融合，成为创新引领、共享经济、中高端供应链等领域的新增长点。加快发展先进的无人机系统制造业，有助于推动航空制造、人工智能、信息网络、新型材料等前沿技术应用创新，促进智能制造向中高端价值链迈进。同时，由于无人机飞行具有三维空间运动的优势，随着其三维空间定位精度的提高，无人机系统还可应用于工业生产线作业，相对于由普通机器人组成的生产线，而由无人机系统组成的生产线具有更灵活的运动特性，对优化生产线配置与流程具有积极意义。

（2）无人机在航空交通运输行业将成为重要的物流或客运工具。一是无人机物流运输已取得可喜的进展。2013年开始，亚马逊、优比速（UPS）公司、Matternet公司、DHL集团、顺丰速运、淘宝、京东等都在测试无人机快递业务。无人机系统不仅可进行小型包裹投递，而且在支线物流运输也将发挥重要作用，可在夜间民航航线空闲时运送货物，提高航线利用率。二是无人机客运即将开启新模式。美国国家航空航天局（NASA）等政府机构正与企业界合作开发城市空中交通系统，空中客车公司（Airbus）和优步公司(Uber)已进入无人机原型测试阶段，处于开发城市无人机交通服务的最前沿。未来某一天，在人口稠密地区（从小城镇到大城市）无人机像空中出租车一样，自主地在拥挤和堵塞的地区或从农村地区到城市之间的上空按需进行航空运输，可实现快速安全地运送乘客。

（3）无人机在农林牧业应用大有作为，将促进农林牧业的现代化发展。主要体现在三个方面：一是运用无人机实施精准农林牧业监测、施肥施药、播种以及绿色防治病虫害等，可有效保护环境和提高资源利用率，将成为发展智慧农林牧业、绿色农林牧业的重要途径。二是运用无人机实施机械化作业具有速度快与精准度高等明显优势，可有效提高农林牧业生产效率，减少农林牧业劳动力需求。三是运用无人机实施空中作业可有效提升耕地耕种效益。地走式农机作业压苗率达10%左右，且作业受地形、土质条件等影响较大，而无人机空中作业没有压苗率，且受地形、土质条件等影响较小，操作更加便捷。四是林业防护方面，无人机在实施森林火灾监测、救援指挥等方面具有许多独特的优势，如无人机通过航拍视频可以计算出大概的火灾面积，并研判火灾蔓延的方向（图2），消防官兵可操控无人机快速到达火场、实施灭火救灾等；无人机还可替代森林管理人员进行日常巡护工作，实时监测森林气候变化、空气湿度、大气压力等情况，提供预防火灾的数据等。

（4）无人机在遥感探测领域满足油气管线巡查、电力巡检、环境勘察等多种应用需求。运用装配有高清数码摄像机、照相机等遥感探测设备的无人机系统，沿油气管线、电力网线、江河湖泊等实施飞行作业，可实时传输遥感探测数据，监控人员可远程进行同步分析、处理与操控，实现电子化、信息化、智能化巡检，提高工作效率和应急处置水平。如在输油管线巡检方面，天宇经纬（北京）科技有限公司2018年在云南对中石油西南管网安宁—玉溪—蒙自段 251 千米管道进行巡检，全程基于 4G 通信实现网络化测控和信息分发处理，进行了大量的探索实践。

为森林火灾提供全过程支撑

图 2　无人机为 2019 年四川凉山森林火灾提供全过程支撑

（二）影响社会服务与生活方式

无人机系统可提供多种社会管理与消费服务，将对社会管理服务和人们生活方式带来巨大影响。

（1）"无人机+"社会管理服务将发挥越来越重要的作用。无人机系统具有机动性好、时效性强、服务范围广等特点，在交通管理、城市管理、应急救援等服务方面具有无可比拟的优势。例如，2016 年 7 月，深圳市公安交通警察局成立了无人机中队，成为我国公安交通管理系统首个无人机中队。无人机在交通管理领域已得到广泛应用，可解决在无视频探头、交通拥堵等路段，针对压实线、占用应急车道、车辆竞速等违法现象取证查处的难题；可实施重点区域交通流量监测、配合交警指挥疏导交通、空中探照、空中喊话、空中救援物资投放等作业，成为交通管理部门的重要帮手。又如，2018 年 5 月，长春市成立了城市管理无人机执法中队，破解了高层违建取证等方面的难题，有效减少城市管理盲区，大大提高了城市管理的工作效率与精细化水平等。在应急救援方面，深圳市大疆创新科技有限公司发布的一份报告中提到无人机系统在过去两年中挽救了 124 人的生命，曾在澳大利亚和巴西，无人机发现并协助救出垂死挣扎的游泳溺水者；在英国和美国，低温天气中无人机发现滞留在野外、河流和深山中的游客和昏迷人员等。美国内华达州的医疗交付测试，无人机系统可广泛应用于紧急管理，将药品、物资和血液等医疗物品运送到偏远地区的时间从几小时缩短到几分钟等。

（2）"无人机+"消费服务将更加丰富多样。航拍无人机可用于影视剧制作、电视节目播报、婚庆服务等。例如，美国英特尔公司曾在夜间操控多个无人机系统，录制 Lady Gaga 的音乐视频。美国有线电视新闻网（CNN）在人群上空操作无人机系统，对突发新闻事件从空中视角进行拍摄。此外，随着无人机系统与虚拟现实（VR）、增强现实（AR）等技术的深度融合，找一片青山绿水的郊野，在虚实相间的环境下开发无人机系统+VR、AR 游戏产品，将颠覆传统游戏产业，带来更富有激情的游戏体验等。

（3）"无人机+"个性化服务将走进千家万户。随着智能无人机系统技术的持续性创新突破发展，越来越多的家用型无人机将陆续抢占市场，为普通家庭提供个性化服务。智能家用无人机通过分工合作组成家庭服务群，根据不同的手势或语言调整工作模式，提供超越智能手机+机器人的服务能力，如送咖啡、播放音乐等贴心服务，满足家庭成员的个性化需求。运动伴侣智能无人机发挥记录、拍摄、跟随以及与外界交互等功能，智能无人机在跑步、登山、航海、游泳、骑车、滑雪、漂流、自驾等户外运动时灵活运用，将使运动变得更加高效、安全而有趣。

（三）促进军事领域发生深刻变革

恩格斯曾预言，"一旦技术上的进步可以用于军事目的并且已经用于军事目的，它们便立刻几乎强制地，而且往往是违反指挥官的意志而引起作战方式上的改变甚至变革"。无人机系统技术进步也是如此，必将引发作战方式上的深刻变革，无人化将成为武器装备发展与作战运用的重要特征。

（1）执行军事任务日趋多样化。自1917年英国诞生第一架无人机以来，无人机先后经历了无人靶机、无人侦察机和多用途无人机等发展历程。在20世纪60年代的越南战争、70年代的中东战争中，无人机卓有成效地执行了照相侦察、撒传单、防空火力诱饵等多种军事任务。20世纪90年代以来，无人机系统先后在海湾战争、科索沃战争、阿富汗战争、伊拉克战争、阿以冲突等战争（冲突）中得到广泛应用，出现"捕食者""猎人""先锋""全球鹰""死神"等多种高端无人机,可执行情报侦察、火力交战、电子对抗、通信保障和运输勤务等多种军事任务。运用无人机系统执行军事任务不仅可降低人员伤亡风险,而且成本比有人飞机更低。为此,无人机系统在军事领域的应用将越来越受到重视,催生多种新型军事力量编成。

（2）促进作战空间延伸拓展。无人机系统在军事领域的广泛应用,弥补在高空、高速、高危、高温或严寒以及狭小空间等特殊极限条件下执行任务的空白,不断提升情报侦察、火力交战、电子对抗、通信保障、运输勤务等多种作战要素能力,降低作战伤亡风险与军事冲突门槛,成为发展新型军事力量、生成新质作战能力的重要支点。如,美军 X-37B 无人驾驶飞行器具有天地往返、长期驻轨、快速反应等特性,具备侦察预警、武器发射、远程输送、反卫星作战、在轨服务等多种军事应用潜力。此类装备系统一旦投入战争实践应用,将大幅提升美军在"全球公域"的自由机动作战能力,推动战争形态的加速演变。

（3）作战运用方式更加灵活多变。由于作战地形、地貌、气候等复杂战场环境的影响和装备本身性能的限制,单一无人机平台往往难以完成任务,实现无人机系统之间组网、无人机系统与有人飞机系统组网、无人机系统与陆海空天多维空间作战平台组网等方式,充分发挥各类平台、系统协同运用的优势,将成为未来作战的重要发展方向,可衍生出"有人飞机+无人僚机"协同作战、无人机"蜂群"作战等许多新型战法和作战方式，从而大幅提升体系作战能力。美军正在发展"有人飞机＋无人僚机"协同作战方式，并确定为"第三次抵消战略"的重要技术领域，将可能形成"颠覆性"的不对称优势。美国国防部认为，"蜂群"作战系统是一种能克敌制胜、渗透敌方防线的低成本机器人系统。在战场上无间协作的"蜂群"系统比有人系统具备更卓越的协调性、智能性和速度。更重要的是"蜂群"系统有助于降低成本，将这种系统大规模投入战场，可总体上保持武器装备系统的优势。

三、无人机未来发展

目前，中国无人机的总体水平可以概括为三点：第一，在世界范围内处于第一方阵；第二，跟美国相比还有不少的差距，在某些方面差距还很大，比如航母起降、水底发射等，这些技术中国还没有，尤其是某些无人机群的研制以及相关领域推进等；第三，中国无人机有其自身的特点，在世界上某些领域、某些方面占有重要的一席之地。比如我国的"察打一体"无人机，主要出口机型有两种，一种是"翼龙"，一种是"彩虹"。但美国将"察打一体"无人机作为高技术装备，严禁对外出口。俄罗斯也有这种无人机装备，但数量很少，且基本没有出口。因此，目前世界出口的"察打一体"无人机基本都是中国制造的，且具有一定的影响力。此外，我国消费类无人机在世界市场上约占70%份额，具有很大的领先优势。

从本质上讲，无人机将发展成为网络环境下数据驱动、可执行多种任务的空中移动智能体，未来无人机将向着信息传输网络化、运行空间数字化、飞行平台智能化方向发展。

（一）信息传输网络化

随着网络通信技术的飞速发展，灵活运用各种地面网络通信基础设施、空间低轨卫星网络和无人机系统自组网技术，构建空天地一体、实用、可靠、可扩展的无人机信息传输网络化运行环境，将引发无人机系统飞行测控、空域监管和应用服务的革命性变化。主要体现在三个方面：

（1）可实现无人机系统的网络化遥控遥测、信息传输与跟踪定位，从而实现网络化协同飞行和协同执行任务。

（2）可利用网络用户透明机制实现无人机飞行的网络化管控，并将无人机飞行管控纳入国家空域管理体系。

（3）利用现有通信体制、站址、传输网络和平台资源，为民用无人机系统提供数据分发、存储、分析等服务，可实现"互联网＋"与"无人机＋"的有效融合。如，依托空天地网络基础设施和无人机系统自组网技术，使用专频在 3000 米以下构建无人机系统低空运行的网络化通信环境，形成功能层次清晰、体系布局合理、资源数据共享的网络化低空飞行服务保障体系，全面覆盖低空空域和通用机场，为无人机低空运行提供有效的航路计划、航空气象、飞行情报、告警和协助救援等服务，可为空域管理体制改革与通用航空产业发展提供网络化通信环境支撑。

　　无人机系统融入信息传输网络化通信环境后，可充分发挥无人机平台机动灵活、传感器数据多样等优点，将实现更加高效的人机交互、互操作、互理解。无人机将飞行状态信息和获取的应用信息通过网络接入云系统，便可在物联网的云端实时监控其运行状态，并可根据运行状态实时优化空域管理，无人机将变成"会飞的手机"。从当前移动互联网支撑下基于手机发展起来的软件 APP 等产业生态发展来看，在信息传输网络化通信环境下基于无人机的产业生态系统必将得到迅猛发展，无人机行业 APP 等社会化应用服务将进入千家万户。特别是随着 5G 通信技术广泛应用，实现"5G+无人机"信息传输网络化，将涌现出更多高效的无人机应用服务模式。如，2019年 3 月，中国联通公司研发的"沃天宇"无人机云平台，实现了面向天然气管线巡检等商业应用的中低空、超视距 4K 高清视频传输试验，成为全球首个以商用为目标的准 5G 行业无人机应用案例，为"5G+无人机"商业应用揭开神秘的面纱。可以说，5G 技术将为无人机产业发展提供前所未有的机遇，同时无人机产业也必将成为 5G 技术的重要应用场景。

（二）运行空间数字化

　　无人机运行空间数字化，就是以空间信息剖分组织理论与技术为基础，对低空空域进行网格化信息剖分，运用网格编码数字化、网格属性可算化等空间信息剖分技术，将物理空域与数字网格关联起来，建立一个静态与动态目标相统一的运行空间数字化模型，实现无人机运行空间的网格编码数字化表示，达到对运行空间数字化无损表达、精简表示与精确定位的目标，如图3所示。在此基础上，再将空间网格化信息与定位导航信息、遥感信息融合，构建无人机低空公共航路。无人机运行空间数字化技术发展主要包括三个方面：

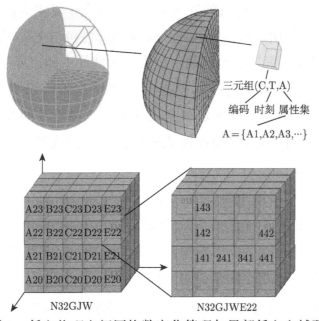

图3　低空物理空间网格数字化管理与局部低空空域码

（1）针对单架无人机在山川河流、森林植被、楼房街道等相对静态环境中的邻域位置计算技术可用于无人机飞行航迹规划、三维环境建模等领域。这是一种简化的建模计算技术，场景中只有单架无人机为运动目标，其他均设置为无人机的运行环境。

（2）针对多架无人机在动态环境下的邻域位置计算技术，可用于空域管理控制、碰撞检测防护、目标识别分析等领域。场景中除无人机和相对静态环境之外，还有其他动态目标（如其他飞行器、虫鸟、风筝等），并且包括电场、磁场等环境。

（3）针对多机编队环境下的邻域位置计算技术，可用于多机编队在复杂环境下飞行航迹规划、任务调控、空域监管等领域。场景类似于鸟类、昆虫的群飞方式，是对完全真实的群飞环境进行建模计算，研究解决无人机群编队内部飞机与飞机间的协同控制以及邻域位置计算等问题，包含复杂的约束和边界条件。

运行空间数字化技术及其与相关信息的综合应用将给无人机飞行控制、任务规划和空域管理带来颠覆性的改变，可实现无人机运行由传统操控模式向数据驱动模式转变，主要体现在两个方面：

（1）通过精准地数字化描述无人机与周围环境、无人机与无人机之间的时空关系，实现无人机对周围环境的高效感知和无人机之间的高效信息交互，为无人机运行避障防撞、协同飞行等提供精准的数字空间支撑。

（2）通过对无人机运行空间实现精准地数字化分层分区规划，优化空域资源配置，推进空域管理变革，在保证安全的前提下实现空域资源利用最大化，为无人机航线规划、飞行管理、任务调度以及空域监管等各种应用提供数字化技术手段。

通俗地讲，运行空间数字化对于无人机应用的意义，就相当于高速公路对于汽车应用一样重要。实现无人机运行空间数字化，就相当于将无人机飞行空域规划成若干层飞行航路，相应地构建一套空域管理模式和运行机制，可大大提高空域资源配置使用效率，必将成为无人机产业发展的重要基础设施。

（三）飞行平台智能化

无人机飞行平台包括固定翼、旋翼、伞翼、扑翼以及复合翼等多种类型。当前，无人机飞行平台发展主要有四个特点：

（1）平台类型向高空长航时、中低空多用途、特殊应用微小型等多元化方向发展。无人机飞行平台多样化发展是区别于有人机的重要特点，特别是无人机将进入鸟类和昆虫的飞行世界，扑翼无人机将成为重要研究方向。

（2）飞控导航技术向自主导航控制方向发展。

（3）能源与动力技术向新概念、新机理、高性能方向发展。

（4）任务载荷技术向多领域深度应用方向发展等。

随着人工智能等信息技术的迅猛发展及其在无人机领域的深度融合应用，将引发无人机飞行平台制造、飞控导航、能源与动力、任务载荷等技术集成与融合方式的深刻变革，不断提升无人机飞行平台的环境感知、飞控导航、任务规划、应用服务等智能化水平。因此，无人机飞行平台智能化将成为其最显著的发展趋势。

无人机飞行平台智能化，主要包括单机飞行智能化、多机协同智能化、任务自主智能化三个层次。

（1）单机飞行智能化，就是通过发展无人机的智能感知与规避、智能路径规划、智能自主控制、智能空域整合等技术，开发智能化环境感知与规避、路径规划、鲁棒控制、自主决策、语义交互等功能，实现无人机在高动态、实时、不透明的任务环境中，能够智能感知周围环境并规避障碍物，按照任务要求自主规划飞行路径，进行机动灵活、容错飞行，还可运用人的自然语言、文字、意念等实现人机沟通交流等。如，2019 年 8 月，*Nature* 报道清华大学类脑计算研究中心施路平教授团队研制出世界首款异构融合类脑计算芯片"天机芯"。利用该芯片开发类脑控制系统，可控制自行车实现动态感知、自动避障、语音理解、自主决策等功能，该技术同样可用于提升无人机飞行平台智能化水平。

（2）多机协同智能化，就是以无人机集群运用为目标，发展无人机智能协同指挥控制、协同态势感知生成与评估、协同路径规划、协同语义交互等技术，融合蜂群智能算法、群体最优算法等，基于"群愚生智"、集群自适应等生物机理，提升无人机集群的自组织、自协同、自进化能力，实现集群中的各无人机飞行平台状态、路径规划、执行任务等智能化协同，以及无人机系统与有人机系统之间的高效协同交互等。

（3）任务自主智能化，就是通过推动语音、文字和图像的模式识别、神经网络、自主控制、人工智能、先进计算、大数据等技术，在无人机系统领域的深度融合应用，实现无人机系统的智能感知和高度自主，提升飞行平台在复杂环境中依据自身知识以及对任务和环境的理解、自主决策与执行任务的能力，减少人在回路的工作量，优化人机任务协同分工，实现无人机系统高效、智能自主地执行各种任务。

从层次关系来看，单机智能化是基础，多机协同智能化是途径，任务自主智能化是长远发展目标。

从实现飞行平台智能化的技术路径来看，仅依靠飞行平台上有限的感知、计算与存储资源是难以实现高级智能化的，而是要依托信息传输网络化、运行空间数字化等基础设施，灵活运用网络环境下的广域感知、计算与存储资源和飞行平台上的计算与存储资源来共同实现飞行平台智能化。飞行平台智能化技术将大幅提升无人机的智能感知与认知、智能规划与控制、智能分析处理与深度学习以及多平台分布式智能协同等能力。智能化无人机飞行平台在执行任务的动态条件下智能感知复杂环境信息，同时利用网络环境下大数据、云计算、边缘计算等技术实现态势智能融合与认知，针对任务需求自动调整和选择行动方式，优化飞行路径，自主执行任务。采用一体化飞控架构和算法技术，实现无人机集群网络化分布式协同飞行和冲突消解，在集群中即使出现节点损失或失能，无人机集群的自组织特性仍然可依据任务需求与环境变化进行自适应调整，从而确保无人机集群体系能力的自愈，提高无人机集群执行任务的灵活性和生存力。

　　同时也应该看到，人工智能发展应用还刚刚起步，我们现在距离真正的人工智能还有一段很长的路，实现无人机飞行平台智能化将是一个极具挑战性的课题，是无人机系统技术发展追求的长远目标，任重道远。

　　希望大家能够朝着无人机"三化"的方向努力，将无人机产业推到一个新的高度！

工业人工智能发展方向

中国工程院　柴天佑院士

　　智能制造已成为公认的提升制造业整体竞争力的国家战略。近年来，人工智能（artificial intelligence，AI）的发展为智能制造提供新的技术基础。2018 年 5 月，美国白宫举行"美国工业人工智能峰会"，并发表声明，重点发展具有高影响、面向特定应用领域的人工智能，应用于美国工业来增强美国劳动力素质，提高他们的工作效率，更好地服务客户。2019 年 6 月，美国国家科技委员会发布的《国家人工智能研发战略计划》指出，对基础 AI 研究进行长期投资，开发"补充和增强人能力的 AI 系统"。美国 2020 财年和 2021 财年的研发预算强调，优先支持智能和数字制造，特别是结合工业物联网、机器学习和 AI 实现的制造系统。2018 年 11 月，德国《联邦政府人工智能战略》提出，促进 AI 的开发与应用面向经济，经济是下一步 AI 研究的推动力。中国工程院"制造强国战略研究"（三期）的"新一代人工智能引领下的智能制造研究"课题组提出，新一代智能制造作为我国智能制造的第二阶段（2025—2035年）的战略目标是使中国的智能制造技术和应用水平走在世界前列。

通过分析工业自动化与信息技术在工业革命中的作用，以及制造与生产全流程决策、控制以及运行管理的现状和智能化发展方向，明晰发展工业人工智能的必要性。通过对人工智能技术的涵义、发展简史和发展方向的分析，以及自动化与人工智能研究与应用的核心目标、实现方式、研究对象与研究方法等方面的对比分析，提出工业人工智能技术的涵义。通过对工业人工智能和工业自动化的研究对象与研究目标对比分析，提出工业人工智能的研究方向、研究思路与方法。工业人工智能在智能制造中发挥不可取代的作用，加快我国制造业向数字化、网络化、智能化发展进程。

一、工业自动化与信息技术在工业革命中的作用

工业自动化与信息技术在工业革命中的作用如图1所示。在第一次工业革命时，出现了以蒸汽机为动力的机械生产设备。例如，1784年，出现了机器织布机。蒸汽代替了人的体力，实现了生产动力的变革。为了使织布机和其他机器保持恒定转速，1788年，詹姆斯·瓦特（James Watt）成功改造了离心调速器。离心调速器是一个比例控制器，反馈控制实现了蒸汽

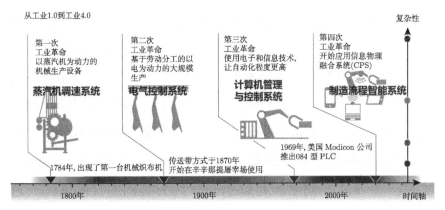

图1 工业自动化与信息技术在工业革命中的作用*

机调速的自动化，但是比例控制会产生稳态误差，后来的调速器加入了积分作用。从此，调速器成了蒸汽机不可分割的一部分。蒸汽机与调速器的广泛应用推动了第一次工业革命。工业革命往往伴随着动力的变革和使能技术的变革。在第二次工业革命时，电力代替了蒸汽，成为工业生产的动力。PID（proportional integral derivative）控制与逻辑控制应用于电力工业，实现了传送带的自动化。1870年，传送带自动化开始在辛辛那提屠宰场使用，推动了基于劳动分工和以电为动力的大规模生产，形成了第二次工业革命。工业过程往往是由多个回路组成的复杂被控对象，难以用精确数学模型描述。大规模工业生产的需求、计算机和通信技术的发展与工业自动化技术相结合，催生了一种专门的计算机控制系统——可编程逻辑控

---

* 乌尔里希·森德勒. 工业 4.0：即将来袭的第四次工业革命. 邓敏，李现民，译. 北京：机械工业出版社，2015.

工业人工智能发展方向

制器（programmable logic controller，PLC）。1969年，美国Modicon公司推出了Modicon 084型PLC。该系列PLC系统可以将多个回路的传感器和执行机构通过设备网与控制系统连接起来，从而便于进行多个回路的控制、设备的顺序控制和监控。1975年，Honeywell和Yokogawa公司研制出应用于大型工业过程的分布式控制系统（distributed control system，DCS）。分布式控制系统是以组态软件为基础的控制软件、过程监控软件。其广泛应用使得生产线的自动化程度更高，从而推动了第三次工业革命。

大规模的工业生产迫切需要生产企业的管理高效化。PLC和DCS与管理计算机、实时数据库和关系数据库相结合的计算机管控系统开始应用于工业生产中。自动化技术与信息技术开始应用于企业管理。20世纪60年代初，计算机财务系统问世，从此人工的管理方式开始逐渐被计算机管理系统代替。20世纪60年代末至70年代初，计算机财务系统扩充了物料计划功能，发展成为物料需求计划（material requirements planning，MRP）系统。20世纪70年代末至80年代初，MRP系统中增加了车间报表管理系统、采购系统等，于是发展成为MRPⅡ。由于MRPⅡ不能配送资源，因此配送资源计划（distribution resource planning，DRP）系统出现，单一功能的制造过程管理系统（如质量管理系统）也相继出现。到20世纪80年代末至90年代初，MRPⅡ逐渐演变为企业资源计划

（enterprise resource planning，ERP），DRP 演变为供应链管理（supply chain management，SCM），而车间层应用的专业化制造管理系统演变成集成的制造执行系统（manufacturing execution system，MES）。ERP 和 MES 广泛应用于生产企业，显著提高了企业的竞争力。三次工业革命实现了操作工作自动化、企业管理与决策的信息化。

随着 5G 为代表的移动互联网、边缘计算与云计算的发展，催生了工业互联网。工业互联网为获得工业大数据创造了条件。大数据驱动的人工智能技术的发展以及科学研究模式与方法的变化，如信息物理系统(cyber-physical systems，CPS)和数据汇聚研究的出现，促进了制造业向数字化、网络化和智能化发展。第四次工业革命将实现制造业知识工作的自动化与智能化。

二、制造与生产全流程决策、控制以及运行管理的现状和智能化发展方向

目前，制造与生产全流程的决策、控制与运行管理的现状如图 2 所示。企业管理者通过 ERP 系统获得企业资源信息，凭经验和知识决策企业包括产品质量、产量、能耗、物耗、成本在内的综合生产指标的目标值范围；生产管理者通过 MES 获得生产信息，凭经验和知识决策制造与生产全流

程的生产指标的目标值范围；运行管理与工艺工程师通过管控系统获得生产工况信息和感觉、视觉、听觉、触觉获得生产信息，凭经验和知识决策反映制造装备或工业过程产品加工的质量、效率、消耗的运行指标目标值范围；操作者根据运行指标目标值范围和生产实际情况凭经验和知识决策控制系统指令；控制系统控制制造与生产全流程的加工装备（过程），使被控装备（过程）的输出跟踪控制指令，从而将加工产品的质量、效率、消耗的运行指标和制造与生产全流程的生产指标控制在目标值范围内。

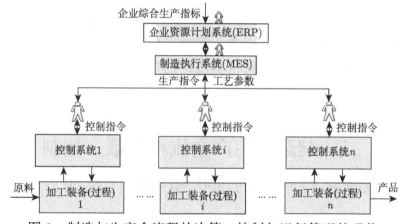

图 2　制造与生产全流程的决策、控制与运行管理的现状

因此，制造与生产全流程的决策、控制与运行管理是图 3 所示的人参与的信息物理系统。操作者与知识工作者根据信息系统获得生产信息和通过感觉、视觉、听觉、触觉获得多源异构生产信息，利用大脑的学习认知和分析决策能力，依靠经验

和知识决策企业综合生产指标、制造与生产全流程的生产指标、运行指标和控制系统指令。由于人难以及时准确地感知动态变化的运行工况，难以及时准确地处理异构信息，人的决策行为制约发展。因此，难以实现制造与生产全流程的全局优化。

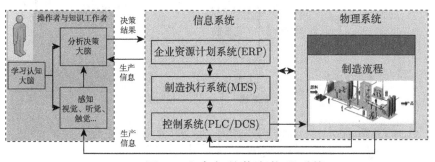

图 3　人参与的信息物理系统

　　制造与生产全流程智能化的涵义是以企业高效化与绿色化为目标，以实现制造与生产全流程的管理与决策智能优化与加工装备（过程）智能自主控制为特征的制造模式。如图 4 所示，操作者的知识工作实现自动化，控制系统和加工装备（过程）变革为智能自主控制系统；企业管理者和生产管理者的知识工作智能化；ERP 和 MES 变革为人机合作的管理与决策智能化系统；企业资源计划系统、制造执行系统、装备（过程）控制系统组成的企业三层结构变革为图 5 所示的由人机合作的管理与决策智能化系统和智能自主控制系统组成的两层结构。制造与生产全流程的决策、控制与运行管理将变革为图 6 所示的信息物理系统（CPS）。制造与生产全流程的智能化将操作者与知识工作者的知识工作实现自动化和智能化。因此，CPS中的知识工作者是规划者、管理者和决策者。

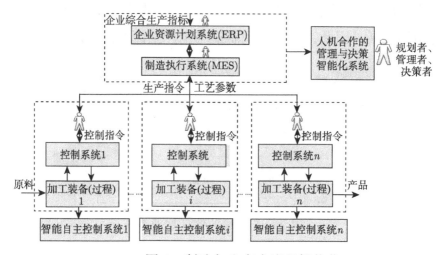

图 4　制造与生产全流程智能化

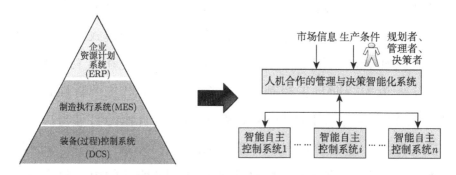

图 5　制造流程由三层结构变革为智能化两层结构

　　人机合作的管理与决策智能化系统实时感知市场信息、生产条件和制造流程生产状况；以企业高效化和绿色化为目标，

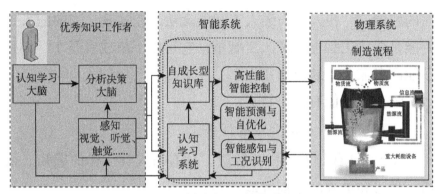

图 6 制造与生产全流程 CPS

实现企业综合生产指标、制造与生产全流程生产指标、运行指标、生产指令与控制指令集成优化决策；计划与调度一体化决策，远程与移动可视化监控决策过程动态性能，实现自学习与自优化决策；人与智能优化决策系统合作，使决策者在动态变化环境下精准优化决策。智能自主控制系统使装备（过程）运行的决策与控制模式发生颠覆性改变：决策模式由开环决策、事后校正转变为闭环反馈决策、实时预测自优化校正；控制模式由开环设定、反馈控制转变为自适应闭环优化、自主协同控制。智能自主控制系统感知生产条件的变化，相互协同，以管理与决策智能化系统的优化决策为目标，实现制造与生产全流程全局优化。

三、人工智能的涵义、发展简史与发展方向

人工智能尚未有一个统一的明确定义，但是可以分为强人工智能和弱人工智能。强人工智能指具有与人一样的智慧和全

面的智能。一些人认为强人工智能无法真正实现。当前的人工智能是弱人工智能或窄人工智能。它可以下棋或者开车，但是不能两者兼备，缺乏通用性。

强人工智能有两个特点：

（1）针对人类能完成的任务；

（2）具有与人一样的智慧、具有与人类一样的感知、认识、学习和推理的全面智能。

弱人工智能有两个特点：

（1）针对一个特定任务；

（2）要求比人做得好。

美国总统行政办公室编写的《人工智能、自动化及经济报告》（2016-12）指出，AI不是单一技术，而是应用于特定任务的技术集合；斯坦福大学人工智能百年研究《2030年的人工智能与生活》（2016-9）指出，广义定义为：人工智能是一种致力于使机器智能化的活动，而智能是指系统在其所处环境中具有预见和合适功能的品质；学术研究角度的定义为：人工智能最初作为计算机科学中的一个分支，研究人工合成智能的智能特性。德国通过的《德国人工智能战略纲要》（2018-7）指出，作为一门科学学科，人工智能指的是一个研发训练计算机（或机器）来执行以前只有人类才有能力的智能行为方法的研究领域。无论是作为国家战略的人工智能定义还是学术定义，AI的研究和应用多年来始终秉持一个核心目标，即使人的智能行为实现自动化或复制。

"人工智能"一词是在 1956 年约翰·麦卡锡（John McCarthy）组织的达特茅斯暑期研究项目的讨论会上提出，探究机器可以在哪些方面模仿人的智能。但是，具有人工智能特征的技术想法早已存在：18 世纪，托马斯·贝叶斯（Thomas Bayes）为推理事件的概率提供计算框架；19 世纪，乔治·布尔 （George Boole） 提出逻辑推理可以像求解方程组那样被系统地执行；20 世纪之交，第一台电子计算机与感知和自主行动的第一代机器人的问世掀起第一次人工智能的高潮。阿兰·图灵 （Alan Turning） 1950 年发表"计算机和智能"设想，提出建造计算机模拟人类智能的可能性，怎样测试人工智能、机器怎样自主学习。日本等国家开始研发具有模拟人类智能的计算机。随后几十年，人工智能的研究几经起伏，研究出现难题远超预期，因此，人工智能的研究处于低潮。

在 20 世纪 90 年代后期，人们的研究开始转向弱人工智能，即关注人工智能在特定领域的应用研究，人工智能的研究进入加速阶段。其中，最重要的两个领域分别是图像识别和医疗诊断。在 1997 年，IBM 开发的计算机"深蓝"战胜了国际象棋世界冠军 Gamy Kasparov。Apple Siri、IBM Waston 回答计算机在回答游戏节目获胜。2004 年，美国国防部高级研究计划局（DARPA）成功举办了第一届无人驾驶汽车挑战赛。

2010 年以后，三大因素促使人工智能发展浪潮：第一是来自政府、电子商务、商业、社交媒体和科学提供可用的大数据；第二是强大的计算能力使大数据的应用成为可能；第三是高科技产业，特别是互联网公司，加大在人工智能领域的投资，将机器学习应用到产品中，如搜索、广告，以及谷歌应用商店等取得明显的效果。特别是，深度学习技术快速发展。深度学习应用于图像识别领域，使图像的识别结果的错误率从模式识别技术的最好结果——错误率 26%（2011 年）降低到 3.5%（2015 年），低于人类识别图像的最好结果——错误率 5%；基于深度学习的博弈游戏技术 AlphaGo（围棋机器人）打败围棋世界冠军表明，在博弈游戏领域，人工智能技术超过人类。

目前，大数据驱动的人工智能技术通过训练大数据、学习过程和学习函数获得准确度很高的结果，但无法解释结果为什么准确。人工智能技术的发展方向为可解释的人工智能（explainable artificial intelligence, XAI），通过训练大数据、新的学习过程和可解释的模型获得可解释的准确结果。基于统计、无模型的机器学习方法存在严重的理论局限，难以推理和回溯，难以作为强人工智能的基础。实现类人智能和强人工智能需要在机器学习系统中加入"实际模型的导引"。人工智能技术领域的另一个发展方向是建立智能系统。美国国际战略研究所发布的《美国机器智能国家战略报告》（2018-3）指出，很难估计计算机控制系统在不久的将来可以实现哪些功能。机器智能系统在企业、政府和全球居民的日常生活中发挥越来越重要的作用。因此，可解释的人工智能（XAI）与智能系统和工业领域知识与工业自动化与信息化相结合，发展工业人工智能，成为智能制造新的技术基础。

四、自动化与人工智能的相互关系

虽然深度学习和游戏博弈技术适用于完备的信息空间，但是人工智能技术的发展方向——可解释的人工智能和智能系统为研究制造业知识工作自动化与智能化提供了新的方法和技术。将人工智能技术、工业自动化与信息化技术、工业互联网与制造业的领域知识工作相结合，以研发补充和增强知识工作者能力的 AI 算法和 AI 系统为目标，发展工业人工智能技术，使实现制造业智能化成为可能。

虽然对自动化和人工智能的界定并不明确，且随时间推移不断变化，但自动化的研究和应用始终秉持一个核心目标，就是减少和减轻人的体力和脑力劳动，提高工作效率、效益和效果。人工智能的研究和应用秉持的核心目标，就是使人的智能行为实现自动化或复制。自动化与人工智能的实现手段都是借助于算法和系统，它们的共同点是通过机器延伸和增加人类的感知、认知、决策、执行的功能，增加人类认识世界和改造世界的能力，完成人类无法完成的特定任务或比人类更有效地完成特定任务。它们的不同点在于研究对象和研究方法不同。自动化是针对通过机理分析、采用微分方程或代数方程可以建立数学模型的研究对象，利用输入输出表示的因果关系小数据，建立建模、控制与优化的理论和技术。而人工智能是针对机理不清晰、难以建立数学模型但对象的输入输出是处于完备信息空间的大数据的研究对象，采用基于统计的、无模型的机器学习方法，建立建模、控制与优化的理论和技术。人工智能在短期内的核心经济成效是将以前无法实现自动化的任务实现自动化。

五、工业人工智能的涵义

目前，制造与生产全流程的决策、控制与运行管理中仍然依靠人凭经验和知识来完成那些工业自动化和人工智能技术难以应用的复杂系统，即机理不清晰，难以建立数学模型，输入与输出相关信息处于开放环境、不确定的变化中，信息难以获取及感知，决策目标多尺度、多冲突。当前，学术界与产业界开始了工业人工智能的研究。虽然对工业人工智能的界定并不明确且随时间的推移不断变化，工业人工智能研究与应用的核心目标是：针对产品与工艺设计、经营管理与决策、制造流程运行管理与控制等工业生产活动中目前只能依靠人的感知、认知、分析与决策能力以及经验与知识来完成影响经济效益的知识工作，实现知识工作的自动化与智能化，显著提高社会和经济效益。工业人工智能的实质是将人工智能技术与具体的工业场景相结合，实现设计模式创新、生产智能决策、资源优化配置等创新应用，使工业系统具备自感知、自学习、自执行、自决策、自适应的能力，以适应变幻不定的工业环境，完成多样化的工业任务，最终达到提升企业洞察力，提高生产效率或设备产品性能。

工业自动化与工业人工智能在工业生产活动中的发展目标对比分析如下：针对制造与生产流程中的装备或工业过程，工业自动化的研究目标是实现装备和工业过程的自动控制和控制系统设定值的优化，研发控制技术及软件和运行优化技术及软件。针对产品与工艺设计、生产管理与决策，工业自动化的研究目标是实现设计、生产管理与决策的信息化，研发设计软件、ERP、MES 等工业软件。针对仍然依靠人来控制和管理的装备与工业过程，工业人工智能的研究目标是实现装备和工业过程控制与运行的集成优化，研发补充和增强人能力的 AI 算法和 AI 系统、制造与生产全流程的运行管理与控制一体化软件。针对依靠知识工作者完成的产品与工艺设计、生产管理与决策，工业人工智能的研究目标是实现知识工作自动化与智能化，研制大数据驱动的运行工况的识别、预测与决策的 AI 算法和 AI 系统、人机合作的管理与决策智能化软件、产品与工艺设计过程中补充和增强知识工作者能力的 AI 系统。

六、未来展望

结合制造业的发展现状、实现智能化的需求和工业人工智能的发展目标，工业人工智能的研究方向为：

1. 工业人工智能算法

（1）复杂工业环境下运行工况的多尺度多源信息的智能

感知与识别。

（2）系统辨识与深度学习相结合的复杂工业系统智能建模、数字孪生与可视化技术。

（3）关键工艺参数与生产指标的预测、追溯。

（4）复杂工业系统的智能自主控制技术。

（5）人机合作的智能优化决策。

（6）智能优化决策与控制一体化技术。

2. 工业人工智能的软硬件平台

（1）复杂工业环境下基于 5G 的多源信息快速可靠的传输技术。

（2）"端-边-云"协同实现工业人工智能算法的实现技术。

（3）工业互联网智能化管控系统。

3. 补充和增强人能力的 AI 系统

（1）人工操作与检测（化验）过程中的补充和增强人能力的 AI 系统。

（2）产品与工艺设计过程中补充和增强知识工作者能力的 AI 系统。

为了取得工业人工智能的研究成果，需要我们借鉴人工智能取得重大进展的研究经验以及数据驱动的人工智能、移动互联网、边缘计算和云计算驱动的工业互联网时代改变科研的进行方式和研究思维方式。例如，信息物理系统（CPS）、汇聚研究。汇聚研究是一种新的研究范式和研究思维方式，其特点是：问题驱动——具有挑战性的科学研究难题或社会需求中的重大挑战难题；跨学科合作研究——整合来自不同学科的知识、方法和专业知识，形成新的框架促进科学发现和创新。学科方法和技术的结合是解决复杂问题的唯一或最佳方案，团队科学正在成为一种更典型的研究模式。为此提出如下研究思路与方法：

（1）需求驱动，找准问题，即知识工作者通过感知、认知、决策、执行来完成影响效益的知识工作，选好应用场景。

（2）确定研究目标，以最优秀的知识工作者为参考目标，达到与超越最优秀的知识工作者的工作效果。

（3）采用 CPS 思想，研制面向特定应用领域的工业人工智能系统，使系统的适应性、自主性、效率、功能、可靠性、安全性、感知与认知的准确性、决策与控制的精准优化远超今天的系统。

（4）基础研究、研发、实验与工业应用相结合。

（5）采用汇聚研究的思想，将基于机理分析的模型与工业大数据紧密融合与协同，模型驱动的自动化与数据驱动的人工智能技术紧密融合与协同，移动互联网、边缘计算、云计算等与计算机管控系统紧密融合与协同，工业互联网的研究与面向各种制造流程的 AI 算法和 AI 系统研究紧密融合与协同，汇聚各学科研究力量，长期持续开展学科交叉和跨学科合作研究。

分布式文件系统
MadFS 的研制

中国工程院　郑纬民院士

今天给大家讲一讲我的团队获 2020 年 IO500* 冠军的一个软件系统——分布式文件系统 MadFS，团队的年轻人称其为疯狂文件系统，这是怎么回事呢？"mad"是"疯狂"的意思，而实际上是机器学习人工智能数据挖掘（machine learning artificial intelligence data mining）文件系统，因此就叫疯狂文件系统。

一、IO500 基本情况

首先介绍一下 IO500 的基本情况，它的网址是 https://io500.org/。它的目标是什么？它为 IO 的研究人员和爱好者提供一个交换信息的平台，在高性能 IO 领域开展国际

---

　　* IO500（输入输出 500 强）主要针对存储系统性能进行排名，是高性能计算领域最权威的全球性榜单之一。

合作，追踪和鼓励大型成果系统的部署，提供大型存储系统的信息发布。从 IO500 榜单可以看到一年来的成绩。IO500 比赛一年举办两次，每年 6 月份在欧洲举办的国际超级计算大会(International Supercomputing Conference，ISC)上举行，11 月份在美国举办的全球超级计算大会(Supercomputing Conference，SC)上进行。

IO500 是怎么比赛的呢？它有个测试程序叫 IO500，这个测试程序不可更改，只能运行这个测试程序，程序运行结束时会出来一个分数，分数最高的就是冠军。那这个 IO500 主要是做什么事情呢？在 IO500 测试程序里，ior 负责写入数据，然后再读出来；mdtest 负责元数据的创建、删除，写入文件，最后还有查找。整个测试又分为好几个项目，其中，IOEasy 程序是 IO 模式充分优化的应用程序，它就是一个顺序读写的测试程序；IOHard 程序是随机读写，它与 IOEasy 不太一样，是随机的；MDEasy 程序是负责元数据小文件读写；MDHard 程序是共享小文件读写，这个共享文件有 3901 字节。我们都熟悉 1024（2^{10}）、4096（2^{12}），但读写 3901 字节却比较困难。下文将对读写 3901 字节进行说明。另外一个程序是查找，将 ior-easy-write、mdtest-easy-write 组合一下，一共有 12 个。整个程序涉及 12 项测试。

总结一下，测试程序 IO500 写大文件可能是顺序的，也有可能是随机的；该测试程序有一种相对小的元数据（诸如 MDEasy 等），可以按顺序读写或不按顺序读写。各种各样的元数据组合起来，有大的、有小的；有顺序的、有随机的。通过对各种各样元数据的读写来测试机器的输入输出（IO）做得好不好，进一步考验机器存储做得好不好。

二、IO500 测试的历史情况

IO 测试的主要场景如下：

一是相互之间无数据冲突的多个任务的顺序写。看系统提供的写入吞吐量的上限，就是顺序写，第 1 个写操作与第 2 个写操作之间没有冲突，且两个写操作之间不共享。读操作也是如此，最后看究竟能达到的多大的写入吞吐的上限量。

二是共享读写的处理能力。多个任务共享、协同地读写同一个文件，诸如，你去读这个文件，他也去读这个文件，该操作与上述的顺序读写操作是不一样的，因为顺序读写操作是，我读第 1 个文件，你读第 2 文件，他读第 3 文件，没有任何关系。而共享读写操作是，同一个文件是共享的，需要做一定的并发控制，否则会出错。诸如，处理小文件时，写入 3901 个字节，如果数据布局不合理，测试程序性能就会很低。大家想到 1024 最好，2048、4096 也可以，但是 3901 呢？如果放置不合适就有问题了。测试包括 Easy 的、Hard 的，有元数据 Easy 的、有元数据 Hard 的，还包括 Find。IO500 的软件运行一次，最后获得一个分数，如 200 分、500 分、1000 分、10000 分，分数越高表示机器处理存储（处理 IO 的能力）性能越好。IO500 实际上就是测试机器的存储系统性能的。诸如，测大文件、测小文件、测顺序文件以及测共享文件等各种不同的测试，最终看机器的存储系统做得好不好。

再了解一下 SC18 情况。这里以 2018 年在美国举办的全球超级计算大会（SC）为例，第一名的机器存储系统叫 Summit，这台机器是美国 IBM 公司做的，是 2018 年世界上运算速度最快的机器，它的 IO500 分数是 366.47 分，而第二名是 160 分，最后一名的分数是 35.77 分。再看 2020 年 6 月份的国际超级计算大会(International Supercomputing Conference，ISC)比赛情况，第一名是 Intel 公司做的机器，多少分数呢？1792 分，这个分数比 2018 年的冠军分数增加很多，一下就超出了 1700 多分。第二名的分数是 938 分，也是性能很厉害的一台机器。第二名与第一名分数相差很大，达到 800 多分。为什么第一名机器的存储性能这么厉害呢？一般情况下固态硬盘（solid state disk，SSD）是通过输入/输出（I/O）接口与主机连接的。Intel 公司将 SSD 连接到内存接口，这样传输速度就快很多，但是我们没有这个技术。2019 年 11 月第一名是剑桥大学的 Lustre 文件系统。SC18 的 IO500 冠军曾经是 Top500 比赛中速度最快的机器。中国的天河超算系统也曾参加过 IO500 的比赛，其他国家的存储系统如美国的阿贡实验室、Oracle 公司、Nvidia、Google 等也都参加过 IO500 的比赛。2020 年鹏城实验室研制了一台处理人工智能问题的人工智能计算机。众所周知，Top500 是世界上运算最快的计算机比赛，该比赛主要是比双精度浮点运算的快慢。鹏城实验室这台超级计算机主要处理人工智能问题，大多数时间是处理 8 位定点数或者 16 位/32 位浮点数。该超级计算机的芯片处理 8 位或 16 位比较好，处理 128 位能力就差一点。而 Top500 是评测 128 位的运算速度，如果该超级计算机参加 Top500 比赛肯定是有问题，但是该超级计算机参加 IO500 比赛是有希望，因为 IO500 比赛不需要很强的浮点运算能力。于是，我就主动与高文院士联系，"我们参加 IO500 比赛，争取获得前几名。"高院士一听很高兴："行，做去吧！"我们拿到这个任务以后，却发愁了，参加 IO500 比赛能不能拿到前几名名次？我们分析了 IO500 比赛趋势图（图 1），其中横轴是总分名次，第一名、第二名、第三名、第四名一直到第九名；纵轴是得多少分，曲线代表时间。

从 IO500 比赛趋势图（图 1）可以看出，前两次基本都由带宽来主导的，之后则是元数据性能很重要。早期系统的带宽比较重要，后来几年发现元数据处理很重要。我们认识到，参加 IO500 比赛的系统要有一定带宽，而且元数据处理性能要非常好。在参加比赛之前，我们做了预测，而不是随随便便参加比赛的。

如图 2 所示，横轴是时间，分别是 2017 年 11 月份、2018

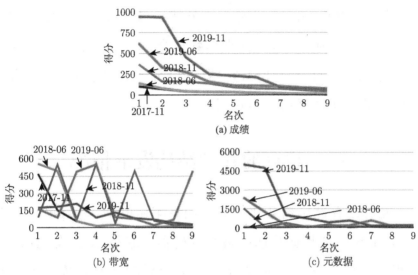

图 1　IO500 趋势图

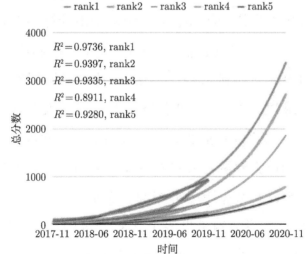

横轴是时间，纵轴是总分，曲线由上到下依次是rank1~rank5。
用指数拟合，如果2020年6月份拿第一的话要得到2000分左右

图 2　IO500 总分排名预测图

年 6 月份、2018 年 11 月份等；纵轴是总分数。曲线由上到下依次是第一名到第五名。依据指数拟合，2020 年 6 月份是 2000 分左右，2020 的 10 月份必须要 3000 分才能得冠军。我们有一个目标了，就是要超过 3000 分。

三、超算的存储结构发展情况

超算的存储结构变化很大。由日本做的 K computer 机器在 2011 年时曾是运算速度最快的机器，获得 2011 年 Top500 比赛第一名，它的存储系统是一个全局的文件系统。再看看 2016 年 Top500 比赛第一名——我国研制的神威·太湖之光，是当时世界上最快的机器，它的结构是由计算节点和存储节点组成。2018 年最快的机器 Summit 是由美国制造的。2020 年最快的机器是日本制造的"富岳"，这台机器到现在为止也是运算速度最快，为 Top500 比赛的第一名。大多数机器，包括美国的、日本的机器都装有一个叫 Lustre 文件系统。Lustre 文件系统的最大问题在哪里？这文件系统做得很复杂，它的缺点在哪儿呢？元数据不是分布的，而是集中的。"鹏城云脑 2"这台机器的存储结构是世界上比较先进的结构，除了硬件以外，必须有文件系统，但是国外机器安装的都是 Lustre 文件系统，这台机器安装什么系统文件性能最好？

四、MadFS 文件系统架构

由于 Lustre 文件系统问题比较多,我们主要考虑的一个原则,消除任何有可能造成瓶颈的因素。元数据服务器可能成为瓶颈,就取消元数据服务器,每个存储器都是元数据服务器,Lustre 文件系统只有一个元数据服务器,而我们的文件系统每个存储器既存储数据又存储元数据。第二个原则是,切换到操作系统可能会消耗更多时间,采用操作系统旁路的方式,避免数据拷贝,不使用用户空间文件系统(filesystem in userspace,FUSE),因为太多次数据拷贝将导致性能差。写文件调用系统就要进入系统,一旦进入操作系统后,就要出来,既要保护现场,还要恢复现场,做的事情很多。因此,只要进入操作系统,机器的性能就无法提升。第三个原则,维护数据缓存很复杂,所有数据没有缓存。我们讲授计算机系统结构课程时,说缓存好得很,将想要的数据放到缓存中,下次使用数据时无须重新获取,就可直接获取,但缓存存在一个问题,即一致性问题。特别是在处理人工智能问题时,传统计算时,把数据从硬盘存储到内存,并进行加、减、乘、除等运算,这些数据无须到硬盘读取,直接到内存获取即可。但是针对人工智能问题,把数据放到内存中,但下一次就不用这个数据了,因此缓存根本用不上,而且不要缓存就不存在一致性问题。因此,考虑到元数据是瓶颈，就将每个服务器都当作元数据服务器；考虑到进入操作系统麻烦，干脆不经过操作系统，直接在操作系统外头进行相关运算；解决缓存一致性问题很复杂，我们干脆不要缓存。采用上述三种方法，超算计算机的性能就极大提高。疯狂文件系统——MadFS 文件系统总体架构就是整合上述三种方法：元数据很多地方都可以保存，不要进入操作系统，不要进入缓存。没有系统调用，大大减少系统调用开销。一次系统调用大概需要 20ns，减少数据拷贝，拷贝 4KB 需要 400ns。旁路技术具体的实现这里不再赘述。传统并行或者分布式文件系统一般使用少量节点管理元数据，导致元数据节点成为整个系统的性能瓶颈。在下一代大规模存储系统 MadFS 中，将元数据分散到全部节点上，避免元数据的性能瓶颈，同时数据块也需要分散在全部节点上。你可能会问 Lustre 文件系统具有这多缺点，为什么不对它修改呢？因为 Lustre 文件系统已经比较成熟，想改也改不动了，就很难修改。而 MadFS 文件系统就直接这样做。针对 Lustre 文件系统的主要缺点，我们就研制出 MadFS 文件系统。

再看看 IO500 比赛情况。"鹏城云脑 2"是采用华为公司研制的芯片搭建的，它有 4096 块卡，类似于 GPU 的卡，还有 512 个处理节点，每节点处理器核心数是 192，每个节点的内存为 2TB，每个节点有 6 块 SSD 卡，每块容量为 3.7TB。"鹏城云脑 2"采用麒麟操作系统。2020 年 11 月中旬国际超级计算大会超算会议召开，2020 年 10 月底要提交参加 IO500 比赛的数据。实际上，真正给我们使用这台机器的时间只有 10 天，而且需要提前提交比赛数据，否则就无法参加比赛。在使用"鹏城云脑 2"的前两天，空调还没调试好，机器发热。第一天使用该机器，只得到 213 分，第二天，得到 252 分，一直到最后一天，得到 7043 分的分数，最后参加比赛的成绩也是 7043 分。2020 年 6 月份比赛的第一名是 1700 多分，他们认为以后一段时间谁都不可能超过这个分数，没想到我们"鹏城云脑 2"是 7043 分。这是调优过程，包括修改 bug，提升规模，增大压力，最后的测试规模是整机全系统。因此，最后的成绩是 7043 分，是我们最终提交的。

五、鹏城云脑 2 IO500 打榜情况

　　IO500 比赛分为 10 个节点和全系统两种。2020 年 11 月，全系统比赛第一名是"鹏城云脑 2"，得分是 7043 分，第二名是 Intel 公司，它是 2020 年 6 月份的冠军，分数是 1792.98 分。我们比第二名 Intel 公司得分高很多，Intel 公司对这个结果非常不满意。10 个节点比赛，我们以 1129.75 分位居第一名，同样高于 Intel 公司。成绩出来后，好多人都在议论这个疯狂文件系统（MadFS）是怎么回事。这一段时间里，网上搜索最多的就是疯狂文件系统（MadFS）。实际上，我们有个小组，包

括我在内，每天晚上从八点开始，一直工作到凌晨一两点，其中几位老师在北京，一个学生在深圳，通过网络指挥学生具体操作，最后做到 7000 多分，我们都很高兴，同时也很辛苦。有一段时间刚好机器空闲，我就请学生再去瞧一瞧，我们有个估计，这个系统能做到 10000 分。目前疯狂文件系统（MadFS）很多人都想用，包括日本的"富岳"机器。做这件事情不需要太多人，实际上只有 2 个学生和 1 位老师，其他几位老师就是参与方案的讨论，我几乎是"凑凑热闹"，基本上不懂。我们的疯狂文件系统（MadFS）获得 IO500 冠军以后，有许多机器想要安装这个文件系统。前几个月我到美团参观，美团不是一个简单的快餐公司，而是有很多大数据处理系统的公司，他们用的是 Hadoop 文件系统，实际上这个文件系统做得比较差，如果使用 MadFS 文件系统，数据处理性能可以提高 10 倍。我一直跟我的学生说，我们要做就做有用、可用的系统。我觉得不要太多人，三五个人就能做一个好系统。比如说，我们做一个区块链的底层平台，3 个人够了，我们就很快推出了一个自主可控的系统。

空间探测暗物质粒子

中国科学院　常进院士

主要介绍我们国家在暗物质粒子探测方面的一些最新的研究进展和未来的打算。

一、暗物质的发现：天体质量的测量

首先跟大家介绍一下暗物质的发现。从这张图（图1）中，我们可以看到宇宙之深之广，奥秘之多。首先可以看到地球的尺度约6000公里，换成光年是10^{-9}光年。我们走出地球，进入太阳系。太阳是银河系一千亿颗恒星里面最普通的一颗。有数千亿个"太阳"组成了银河系，数个"银河系"组成了星系群，这样的很多个星系群组合在一起就成为超级星系团。天文学家观测整个宇宙，从尺度来说，从地球这样的行星到超级星系团，横跨了20个数量级。所以天文学家研究的范围很大，很广。人类在宇宙中是非常渺小的。我们人类目前走得最远的人造卫星器是美国研制的"旅行者1号"，该卫星是1977年发射，截至目前飞行了 40 多年，也仅仅到太阳系的边缘。有人说"旅行者1号"已经飞出太阳系，但太阳系究竟有多大？我们和隔壁邻居——比邻星（距离太阳系最近的恒星）有 4.22 光年的距离，所以"旅行者1号"距离我们的邻居还远得很。在这么宽广的宇宙里面蕴藏了好多奥秘。

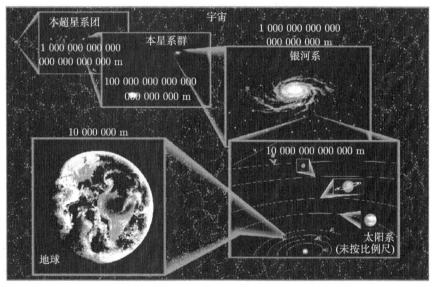

图 1　宇宙的层次

　　暗物质是天文学家通过天文观测发现的，而天文学测量天体质量的方法大概有如下四种：

　　第一种是质光关系。质光关系是指质量大的恒星发光通常比较强，通过测出光度可以修正距离关系，因此可以通过光的强度，得到天体的质量。

空间探测暗物质粒子

第二种是万有引力。知道距离和速度，就可以得到天体的质量。

第三种是引力透镜。

第四种是微波背景。

然而采用第二、三、四种方法测出来的天体质量，和质光关系测出来的天体质量差别很大，而且要远远超过质光关系。这就意味着宇宙中有大量的物质是不发光的。具体的研究方法是什么呢？这些所有的结论都是从引力开始的。

首先介绍一下引力研究方法。牛顿用数学描述了万有引力，而爱因斯坦在万有引力定律的基础上提出了广义相对论。广义相对论认为，引力是大质量天体周围的时空扭曲的一种表象。广义相对论，或者说万有引力定律所预言的所有现象目前都得到了证实，除了暗物质。

二、广义相对论：引力波的预言与证实

一百多年以前，爱因斯坦的广义相对论预言了引力波的存在。因为引力波太微弱，直到 2016 年，美国的一个国际合作实验 LIGO（激光干涉引力波天文台）首次直接探测到两个黑洞合并时产生的引力波。这个结果引起世界的轰动。天文学家、物理学家认为它是 2016 年世界十大科技进展之首，并被认为是 21 世纪最重要的科学发现之一。因此，LIGO 实验的三个先驱者（Rainer Weiss, Barry C. Barish 和 Kip S. Thorne）获得

2017 年诺贝尔物理学奖。

（一）广义相对论：黑洞的预言与证实

广义相对论从理论上预言了黑洞的存在。20 世纪 70 年代，罗杰·彭罗斯（Roger Penrose）与斯蒂芬·霍金（Stephen Hawking）从数学上证实了黑洞的存在。但黑洞具体在哪儿？美国女天文学家安德烈娅·盖兹（Andrea Ghez）带领团队用夏威夷莫纳克亚山山顶上美国口径最大的望远镜——凯克望远镜，花了大概 20 年时间观测银河系中心数千个恒星的运行轨迹。德国天文学家赖因哈德·根策尔（Reinhard Genzel）带领欧洲天文学家团队，利用智利的甚大望远镜（the very large telescope，VLT）在欧洲南方天文台观测银河系中心数千个恒星的运行轨迹，发现这些恒星做圆周运动，或者做椭圆运动。然后拟合了速度和距离，发现这些圆周运动都围绕着同一个具有 400 万个太阳质量的、看不见的致密天体。这两个团队得到相同的结论，并于 2020 年获得诺贝尔物理学奖。

回到太阳系。如图 2 所示，图中横坐标是行星到太阳的距离，单位为光年，AU；纵坐标是行星的速度，单位为千米/秒。根据万有引力定律也可以得到行星到太阳的距离、行星的速度和太阳质量的关系曲线。可以看到，所有的行星和这个曲线吻合得很好。

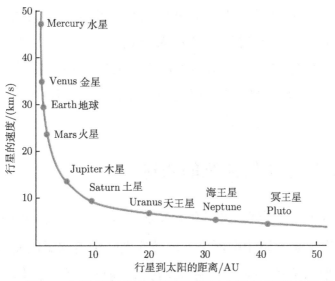

图 2　太阳系行星的速度及其到太阳的距离的关系

但是当我们的尺度放大到太阳系外，情况将有所不同。20世纪 30 年代，瑞士天文学家弗里茨·兹威基（Fritz Zwicky）观测到星系团的尺度为 $10^{19} \sim 10^{20}$ 光年。这样的超级星系团尺度很大，相当于到宇宙尺度上去观测星系绕星系团中心旋转的速度与距离。经过观测发现，这些星系团旋转速度非常快。我们知道，人造卫星绕地球运转时，离地球近时速度比较快，离地球远时速度比较慢。如果到离地球很远的地方还保持那么高的速度，人造卫星肯定会冲出地球，进入太阳系。比如，我国"天问一号"就是依靠很大的速度离开地球引力系统，到达火星。但是当我们关注到星系团里的星系时，发现高速旋转运动的星系都没有离开星系团，而这个星系团只靠发光物质的引力是不可能产生如此高速度旋转运动，这也就意味着必须要有额外的、看不见的物质产生的额外引力才能将这个星系团束缚住，否则如此高速度旋转运动的星系早就分崩离析了。弗里茨·兹威基当时的结论是，星系团里面不发光的物质大概是发光物质的 100 倍，由于当时测量速度的误差比较大，所以这个结果并没有得到全世界的承认。

（二）星系旋转曲线的测量

20 世纪 70 年代，美国女天文学家薇拉·鲁宾（Vera Rubin）观测得出了是星系团中恒星的旋转速度随距离的变化关系（图3）。如果按照万有引力理论，距离增大，速度会下降。但是实际的

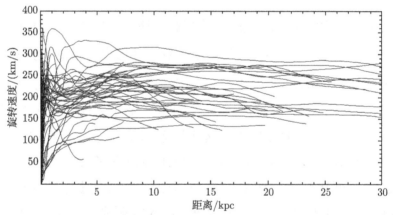

图 3　结合多波段数据得到的星系旋转速度和距离的关系*

＊ Sofue Y, Koda J, Nakanishi H, et al. High-Velocity Rotation in the Nuclei of Galaxies and Central Massive Cores[C]//Japan-German Seminar (JSPS-DFG),2001,Sendai.

观测结果是随着距离增大，速度并没降下来，仍然保持着高速的运动。图 4 是用全世界最昂贵的望远镜——詹姆斯·韦伯太空望远镜（James Webb Space Telescope）观测到的 M33 星系旋转曲线。由图 4 可以看到，观测的误差很小，所以这个结果得到全世界的认可。如此高速运动的天体，围绕着星系中心，这就意味着星系里面必定存在大量看不见的物质产生额外的引力，才能束缚住这个星系。

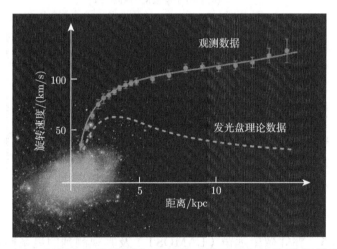

图 4　M33 星系旋转曲线说明存在其他"看不见"的物质提供引力来维持该星系的速度

（三）银河系旋转曲线的测量

我们再回到太阳系。图 5 是我们国家最大的望远镜——郭守敬望远镜（LAMOST，大天区面积多目标光纤光谱天文望远

(a) 郭守敬望远镜(LAMOST)

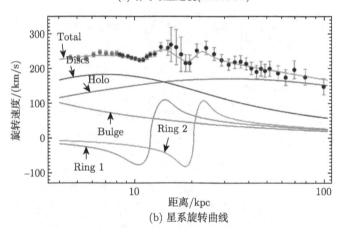

(b) 星系旋转曲线

图 5　郭守敬望远镜（LAMOST）及其观测到的星系旋转
曲线的高精度数据

镜）。LAMOST 口径是 5~6 米，和国际上最先进的望远镜相比
差距还比较大。LAMOST 可以观测银河系中恒星旋转速度随
距离的关系（图 5（b）），其中，Total 曲线为最终合并的银
河系旋转曲线，该曲线上的浅灰色点代表中性氢数据给出的内

盘旋转曲线，灰色点代表来自主红团簇巨星样本给出的外盘旋转曲线，黑色点代表来自晕族 K 巨星样本给出的晕区旋转曲线。其他曲线代表不同的银河系组成成分对旋转曲线的贡献。太阳大概距银河系中心 8 千秒差距(kiloparsec，kpc)，即几千光年，根据万有引力定理测出太阳的旋转速度是 240 千米/秒，这是最精确的结论。但是根据太阳周围的发光物质，理论上计算出的速度约为 160 千米/秒，实际速度超过理论计算的 50%。由此说明，太阳到银河系中心之间必定存在额外的不发光物质产生的额外引力，也就是银河系中必存在大量看不见的暗物质。

三、暗物质的观测证据

另一种测量天体质量的方法为引力透镜。爱因斯坦广义相对论认为，引力的表象是时空的扭曲，也就是光线是沿直线传播的，但空间是扭曲的，那么光线会偏折、偏转，像凸透镜一样，所以这个现象叫引力透镜。根据光线的偏转大小，可以测量出发光的物质和暗物质的质量。钱德拉 X 射线天文台（Chandra X-ray Observatory，CXO）观测到子弹星系团合并和离开时的状态，这个现象只能用暗物质解释。根据这个引力透镜，可以算出星系的质量中心，因为两个星系合并的时候，普通物质与普通物质会发生相互作用，移动得慢，所以落在后面。暗物质移动得快，它和普通物质不发生作用（或者相互作用很弱）。同时，X 射线能普遍测出星系团的温度，可以看到钱德拉 X 射线天文台观测到数个星系团里面的温度非常高。温度高意味着气体的运动速度快，气体分子在做高速运动，必须要用额外的引力才能把这团气体束缚住。这个引力超出了发光物质产生的引力数十倍，这就意味着这个超级星系团里面必定存在着大量的、看不见的暗物质。

　　那为什么要探测暗物质，探测暗物质究竟有什么意义呢？这个计算机模拟图（图 6）是模拟宇宙大爆炸刚开始时宇宙中的物质分布，可以看到微弱的一些亮点。这些微弱的亮点是量子涨落，基本上也就是宇宙大爆炸时暗物质在宇宙中的分布，可以看出物质分布基本上是均匀的。微弱的量子涨落占比小

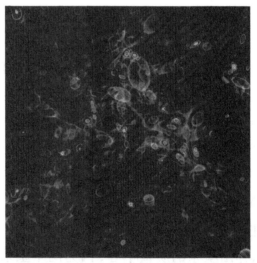

图 6　宇宙大爆炸结束后宇宙扩张 200 倍的密度分布模拟图，其中亮点显示宇宙初期的量子涨落引起的强度增加好几个数量级的密度涨落*

＊Musoke N. et al., Phys. Rev. Lett., 2020.

于万分之一，但存在有些地方密度稍微大一点，有些地方密度低一点。随着时间的演化，密度大的地方会吸引周围的物质聚集，越聚越多，形成成团的气体物质。再随着时间的演化，成团的物质互相碰撞，形成密度更高的物质团，再互相碰撞，形成了今天的星系。也就是说宇宙大爆炸的时候，物质的分布是均匀的，如果没有暗物质的存在，物质将会是一个个孤立的粒子，周围的引力一样，也不会形成今天的星系。所以说，有了暗物质，才会形成今天的星系。

（一）我们身边的暗物质

太阳系里面，包括地球上，暗物质分布是什么样的呢？根据观测结果可以判断：假设暗物质的质量和氢原子（也就是质子的质量）一样大的话，暗物质质量即为每立方厘米 0.3 个氢原子；假设暗物质质量比较大，是 100 个质子（100 个氢原子）的质量，则相当于一个茶杯里有一个氢原子（一个暗物质粒子）。如前文所述，太阳系绕银河系旋转速度是 240 千米/秒，所以暗物质的速度假设也是 240 千米/秒，那可以计算出来，如果一个人站立不动，每秒钟有将近 1 亿个暗物质粒子穿过人的身体，但是暗物质和人的身体不发生任何相互作用。将地球上所有的暗物质粒子收集在一起，只有 0.5 千克。太阳系周围的暗物质很少，但是如果扩大到整个银河系就非常多。银河系里面有一千亿个太阳这样的恒星，但银河系总的质量相当于一万亿个恒星。也就是银河系里面 90% 的质量是暗物质，而发光物质只占 10%。

（二）暗物质粒子

暗物质究竟是什么？首先人们想到是黑洞，尤其是宇宙大爆炸刚开始的原初黑洞。但黑洞的质量分布像恒星一样，有的比太阳大得多，有的却很小。黑洞的分布更广泛，从很小的原初黑洞到超大质量的黑洞，差不多要跨几十个数量级。所以天文学家根据不同质量的黑洞进行搜寻，得到的基本结论是：暗物质可能是黑洞，但是黑洞不可能是暗物质的全部。

暗物质的物理性质究竟是什么？我们知道宇宙中有四大相互作用：

第一种是强相互作用，就是夸克之间的作用。

第二种是弱相互作用，就是原子核衰变时的相互作用，是很微弱的。

第三种是引力相互作用。

第四种是电磁相互作用。

但暗物质不发光、不吸收光、不反射光，所以暗物质的基本物理性质是：基本上没有电磁相互作用；难以确定有强相互作用，否则早就可能找到它；肯定有引力相互作用；有没有弱相互作用还不确定。暗物质这四种物理性质基本上从天文研究中都可以得到。

　　我们已了解的 5% 的宇宙由 61 种基本粒子组成，但是却无法找到 61 种基本粒子里的任一种和暗物质的性质比较吻合。这就意味着暗物质粒子可能是一种新的粒子。所以，暗物质和暗能量被认为是笼罩着 21 世纪物理学的"两朵新的乌云"，对它们的研究很可能会带来科学上新的突破。

　　一百多年前，物理学发展到 19 世纪初已经相当完美，经典力学、经典的电磁场理论和统计力学看似能把宇宙描述清楚，当时的物理实验现象基本都能用经典物理理论描述，但是有两个实验却不能用经典物理理论描述：一个是迈克耳孙-莫雷实验(Michelson-Morley experiment)，发现光速和参考系没关系（光速在不同惯性系和不同方向上都是相同的）；第二个是黑体辐射（black body radiation），发现高温的黑体辐射能量不是连续的。为了解释这两个现象，爱因斯坦在前人的基础上提出了广义相对论，进而推动了量子力学的出现。由于这两个新的理论才出现了我们今天这个信息社会。所以人们期望通过研究暗物质和暗能量，和一百多年以前研究迈克耳孙-莫雷实验和黑体辐射一样，能够产生物理学上新的突破。这就是研究暗物质和暗能量的重要性。

四、暗物质与暗物质探测

　　怎么探测和研究暗物质？大概有三种方法：

　　第一种方法是采用高能粒子碰撞，模拟宇宙大爆炸。我们知道加速器会产生高能粒子，在加速器中高能粒子碰撞可能产生暗物质，通过直接测量暗物质粒子或者测量暗物质相关的物理过程测量暗物质，这叫加速器探测。

第二种方法是地下直接探测暗物质粒子。前文所述暗物质可能有微弱的弱相互作用，那就意味着暗物质粒子和普通物质可能会发生微弱的相互作用。如果把靶子做得很小，例如，用原子核观测暗物质粒子和普通的原子核碰撞时产生的信号，那就可以探测暗物质粒子。测量如此微弱的信号很容易受背景信号的干扰，所以这类实验一般在地下进行，屏蔽宇宙线、人类活动等干扰，这叫直接探测。

第三种方法是到天上去探测。暗物质尽管寿命很长，但是仍有微弱的概率会衰变，衰变就会产生标准模型中的粒子。因为暗物质的量很大，这意味着可以通过探测这些"看得见"的普通粒子去研究这个"看不见"的暗物质粒子。另外，还有一种超对称模型认为，暗物质就是它本身的反物质。就像电子的反物质是正电子，电子和正电子碰在一起的时候会湮灭，发出 511keV 的伽马射线，暗物质粒子互相湮灭是不是也会有类似的过程而被探测到呢？

（一）加速器探测暗物质粒子

通过加速器碰撞去探测新粒子是几十年来粒子物理研究的主流方法。加速器是一个很昂贵的设备。目前世界上最大的加速器在瑞士日内瓦的欧洲核子中心，它的设计最高能量可以到14TeV，该加速器上面有两个最庞大的设备，一个是 ATLAS（超导环场探测器），一个是 CMS（紧凑缪子线圈），每一个设备都是几十层楼高。通过这个庞大的设备找到"上帝粒子"——希格斯玻色子（Higgs boson），但到现在为止尚没找到暗物质粒子。

目前正在将加速器的亮度增加，能量提高，希望能在暗物质研究方面取得突破。

（二）地下直接探测暗物质粒子

地下直接探测暗物质粒子，为什么实验要在地底下进行呢？这是因为当一个人在房间里，每秒钟大概有数千个 X 射线打到人的身体里。暗物质粒子也能和人的身体发生作用，产生能量的范围是从千电子伏特（keV）到数十、数百 keV，和每秒钟数千个 X 射线本底相比，暗物质产生的几个 keV 的信号太微弱。要把这部分暗物质的信号探测出来，实验必须放到地底下进行，通过地球的岩石土层等的屏蔽，把这个高能宇宙线产生的本底降下来。

全世界这样的实验很多，越深的地底下，本底就越低，同样的探测器放在越深的地方，探测到暗物质的概率就越高。我们国家在锦屏山地下建造了世界上最深的锦屏山地下实验室。这个实验室有两个著名的实验：一个是清华大学的中国暗物质实验（China Dark matter EXperiment, CDEX），一个是上海交通大学的 PandaX 暗物质实验（PandaX）。这两个实验最明显的差就是靶子不一样。CDEX 用的靶子叫高纯锗，高纯锗是一种半导体材料，高能粒子穿过半导体，电离沉积能量诱发电子空穴对。在半导体上施加高压以后，就可以收集电子空穴对测到电荷，知道电荷的大小，就能知道能量的大小。PandaX 用的靶子是空气里的一种惰性气体——氙气，氙气在零下几十摄氏度时会液化成液体，高能粒子打到液氙的原子核，原子核或者电子反冲沉积能量并导致氙原子激发和电子-离子对，它们跃迁到基态或者重组合后会发出闪烁光，通过测量这些闪烁光的时间、强度、位置等信息就可以重建打进去的高能粒子的信息。

而这两个著名的实验所关注的物理也不尽相同。CDEX 由于锗的原子序数比较低，所以对几个 GeV 以下的低质量的暗物质粒子比较灵敏。PandaX 由于氙的原子序数比较高，则对高质量的、大质量的暗物质粒子探测的灵敏度要稍微高。这两个实验的灵敏度都达到世界最高水平，但截至目前观测将近十年，仍然没有找到暗物质粒子。

（三）空间间接法——宇宙线及伽马射线探测暗物质粒子

暗物质粒子本身不可见，但暗物质粒子衰变湮灭的时候会产生标准模型下的高能粒子（质子、反质子、正电子、电子、中微子、伽马射线等），所以通过探测这些"看得见"的粒子去探测"看不见"的暗物质粒子。

这些高能粒子通过大气时会被大气吸收并产生大量次级粒子，所以探测那些原初的高能粒子必须要通过卫星把这些探测器送到太空中。宇宙空间的这些高能粒子多种多样，地球上基本所有的元素在空间都有原初的高能粒子。值得一提的是，一百多年前，奥地利物理学家维克多·赫斯(Victor Hess)发现了太空中存在高能粒子，包括伽马射线、中微子等。电子由于其能量很弱，50年以后（1897年）才被发现。

1. 宇宙线

宇宙线主要来自宇宙空间的高能粒子，在加速器发明以前，人们研究高能物理主要是通过宇宙线。在50多年以前，人们通过观测宇宙线发现了正电子。我国高能物理学家赵忠尧教授距离发现正电子只差一步之遥。他当时已经发现了高能伽马射线打到物质里面会产生正负电子对的现象，也就是伽马射线穿透物质时吸收系数的一些反常，这些反常的现象实际上就是正电子湮灭时候的现象，后来赵忠尧教授隔壁办公室的美国物理学家安德森（Anderson）研制出一种新的设备，找到了正电子，获得了1936年诺贝尔物理学奖。

20世纪50年代以后，人类发明了加速器，可以人造高能粒子，这样研究高能物理就变得简单。但是加速器太昂贵，如果按照目前的加速机制把它的能量从14TeV提高到30TeV，甚至需要经费一千亿美元。经费和能量是呈指数级关系，已经超出了目前我们的承受范围。所以到了今天，高能物理实验再回到太空去，因为天体物理过程会产生更高能量的、免费的高能粒子，肯定有很多新的物理现象。

2. 反粒子探测

那再回到暗物质。暗物质湮灭的时候会产生质子、反质子、电子、正电子等。探测哪一种高能粒子与探测到暗物质粒子相关呢？因为我们并不了解暗物质具体的性质，暗物质也难以测量，那么是不是测量流量比较低的反物质（例如反质子、正电子）更容易找到暗物质呢？暗物质产生的信号跟普通的宇宙线肯定有差别，要在这部分本底上寻找暗物质产生的反质子。可是宇宙线质子和反质子的流量相差 1 万倍，这意味着通过探测反质子找暗物质，需要抑制本底 1 万倍。探测反物质粒子需要磁铁，高能带电粒子在磁场中会发生偏转，根据偏转的方向判断电荷的正负。这个磁铁必须是强磁铁，要测到很高能量，强磁铁也很昂贵。著名的华裔诺贝尔物理学奖获得者丁肇中先生用了 20 年时间、花费 20 亿美元把一个 7 吨重的磁铁 AMS（阿尔法磁铁质谱仪）送到国际空间站上，这是全世界空间运行最大的磁谱仪。

3. 宇宙正负电子

AMS 最大的发现是正电子能谱的奇特行为。正电子的一个主要来源是高能粒子与星际介质的碰撞。星际介质是天体空间之间的气体分子。星际介质尽管很稀薄，但是放到宇宙尺度上集中后也很多。所以高能粒子打到星际介质上会产生正电子，这就是正电子的本底。理论计算可以做出很准确地估计，但是从图 7 显示：AMS 探测到的是上升趋势，而理论计算是下降趋势，和理论计算结果相比超出了一部分正电子。这一部分正电子来自哪儿，还不确定，可能是暗物质，可能是特殊的天体物理过程，像脉冲星、超新星遗迹等。我们需要更多、更高能量的数据进行研究。暗物质粒子产生的正电子，它不可能超过暗物质粒子的质量。也就是当能量到了一定的程度，流量会下降，因为那个时候超过暗物质质量可能达到的范围就产生不了正电子。

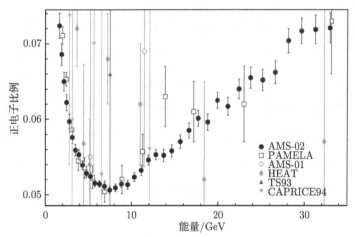

图 7　AMS 测量到的正电子能谱随着能量升高的上升趋势

（四）磁谱仪探测暗物质粒子

由于 AMS 的磁场强度是固定的，所以随着粒子能量的增加，偏转角度越来越小，一直小到测不准的时候可能会把反物质当成正常物质，称之为电荷误判。所以到了 300GeV 时，即使像 AMS 这样昂贵的设备，电荷误判接近 10%。10% 看起来不大，但是考虑到质子是反质子的 1 万倍，这就意味着本底要增加 10 倍以上，这样的准确测量就会困难很多。

（五）反物质粒子外的其他暗物质粒子信号

想到更高能量需要新的思路。20 多年以前，我们提出到更高能量的时候可以不用磁谱仪，而用一般的伽马射线望远镜，或者电子能谱仪测量伽马射线谱线和电子能谱来观测暗物质。因为在较高的能段，没有其他的物理构成能够产生单能伽马射线，可能只有暗物质粒子。与高能电子一样，正电子里有截断，那电子里也有截断。如果探测器测量达到截断附近的能量范围，就会看到这个暗物质截断。还有伽马射线的空间分布，如果看到球状或者晕状的空间分布，极有可能也是暗物质的信号。通过探测这些信号，去探测暗物质粒子信号。

五、研 究 历 程

20 多年前，我们提出"悟空号"探测器的想法，花了十多年时间解决了关键技术，参加了嫦娥工程、载人航天等，希望把望远镜送上太空，也希望我们的新技术在航天事业中得到验证。2011 年，中国科学院同意卫星立项，我们花了 4 年时间研制完成卫星,并将其送上太空,研制卫星的主要地点在南京紫金山天文台的空间天文实验室。

（一）空间天文

随着科技的进步，人类对天体的观测是全波段式的。全波段式就是不同的电磁波波长的信号天文学家都要观测，从最短的伽马射线到较长的射电波段，直至引力波的波段。由于大气的吸收和人类的演化，人们在地面只对可见光比较敏感，所以我们在南京紫金山天文台上看到可见光望远镜和比较短的、比较窄的射电望远镜，就是我们生活中的很多天线。其他的波段，像红外线、长波段射电、紫外线、X射线、伽马射线，由于大气的吸收没办法观测，要到太空中观测。所以说，空间天文是继光学天文、射电天文、引力波天文之后的又一突破。

天文学在物理学中是比较小的学科，但是天文学一直是科学的前沿。最近四年，诺贝尔物理学奖有三个属于天文学。由于天体物理过程超出一些地面实验可达的极限，通过观测天体可以发现极高的温度、极强的磁场、极高的压强，在这么极端环境下物理规律肯定有新的变化。

（二）宇宙高能电子观测新方法

20多年以前，我们选择的观测对象是高能伽马射线和高能带电粒子。当时我们分析了全世界的观测研究情况，100GeV

以下观测结果很多，但是这些实验之间的结果不一致，相差有 3 倍。100GeV 以上只有一组实验数据，这是因为观测高能电子和伽马射线很难，需要很大、很重、很昂贵的设备。当时我们国家的经济实力还不够强大，但是我们认为科学上会有突破，所以发明了一种新的观测高能电子的方法。当时美国有一个实验叫先进薄电离量能器（Advanced Thin Ionization Calorimeter，ATIC），该实验的观测对象是高能质子，不是电子和伽马射线。我们把自己的新方法用到这个探测器上，就可以观测高能电子和伽马射线。这个探测器将近 2 吨重，体积比较大，在南极用气球把它带到空中。因为南极上空的风是往一个方向旋转，探测器放上去不到一个月就回到原地，这样就可以回收并获取到数据。

第一次飞行实验，我们就获得了一个结果，并在 *Nature* 上发表。虽然气球实验的电子超出的观测精度比较低，也不能证明它来自暗物质，但是还是引起了业内的轰动。我们的结果（宇宙高能电子空间观测新发现）分别入选美国物理协会、欧洲物理协会的"2008 年十大物理学进展"。

六、科学院战略先导专项——"悟空号"卫星

2011 年，"悟空号"卫星得到科学院的批准。科学院先导专项同期批准了 4 颗卫星：硬 X 射线调制望远镜"慧眼"、量

子科学实验卫星"墨子号"、暗物质粒子探测卫星"悟空号"和返回式卫星"实践十号"。

"悟空号"实际上是一个高能粒子/伽马射线望远镜。高能伽马射线通过物质之后产生正负电子对，在这个能段不容易通过聚焦的方式探测伽马射线。高能的伽马射线望远镜实际上是一个粒子探测器。伽马射线打进去产生正负电子对，测量正负电子的能量和方向就可以测量出伽马射线的能量方向。

"悟空号"主要的科学目标是通过观测高能宇宙线的粒子能量、方向、电荷研究暗物质和宇宙线的传播起源。"悟空号"研制过程中遇到了三大挑战。

第一是粒子鉴别。不同的粒子流量差别很大。

第二是动态范围。由于不知道暗物质粒子质量，我们就希望这个探测器像网一样，既能网住最小的小鱼小虾，也能网住鲸鱼。在探测器发射上天之前，全世界在太空的探测器或者望远镜的动态范围为数千倍，而我们提出要达到1万倍，所以这是最大的挑战。

第三是硅径迹探测器。当时自行研制的硅径迹探测器最大尺寸是0.01平方米，但"悟空号"需要8平方米。硅径迹探测器中的硅片与手机中的芯片一样，都是集成电路，8平方米用传统的方法实现太昂贵。我们通过丁肇中教授团队、瑞士的日内瓦大学、意大利的佩鲁贾大学，解决了这个难题，顺利完成任务。

卫星研制完成后是不是能够发射了？还不行。因为"悟空号"卫星是去太空寻找暗物质，要观察高能电子、高能质子、高能阿尔法粒子等高能粒子，是否能满足性能要求还不知道。所以"悟空号"卫星被拉到欧洲核子中心进行束流实验验证。实验验证发现，"悟空号"卫星能量测量、能量分辨、粒子分辨准确度达到世界最高水平；角分辨水平和世界最高水平相当；电荷测量达到世界第二水平。

"悟空号"卫星于 2015 年 12 月 17 日发射上天。"悟空号"卫星每天绕地球 15 圈，每秒钟收集到将近一百个高能粒子，每天观测到 500 万个高能粒子。

（一）"悟空号"卫星关键性能

我们用了 6 个月对"悟空号"卫星在轨检测。首先是能量线性，也就是动态范围，丁肇中教授的 AMS 在 300GeV 时看到了饱和现象，已不是线性，但是"悟空号"卫星从低能到高能都是呈线性，说明达到了动态范围。

"悟空号"卫星能量分辨的水平到空间后标定后为 1%。美国 Fermi（费米）卫星为 10%，意味着"悟空号"卫星能量分辨要比 Fermi（费米）卫星好一个数量级。AMS 卫星和 CALET 卫星的能量分辨都是 2%，所以"悟空号"卫星达到国际领先水平。

关于粒子鉴别。当测量高能电子时，质子就是最大的本底，需要把电子、质子鉴别出来。通过比较"悟空号"、日本和美国等卫星的观测信号，"悟空号"信噪比最好，这就说明"悟空号"本底最低，意味着探测暗物质时灵敏度最高。

关于电荷测量。当能量很高，高能粒子打到探测器会产生反冲粒子，会使得电荷测量精度大幅度下降。我们采用一些新技术，使得"悟空号"卫星的电荷分辨水平高于 CALET 卫星 2 倍以上。

关于高 Z 区的电荷鉴别。我们可以把从硫元素（S）开始以上的每个元素都鉴别清楚，这意味着"悟空号"电荷鉴别能力在高 Z 区很好。角分辨能力也与世界最高水平相当。

"悟空号"卫星发射以后，科学院评审时"悟空号"拿到满分。能拿满分的卫星很少，说明"悟空号"卫星基本上是完美无缺。

（二）"悟空号"卫星优于国外同类卫星的原因

第一是责任心和认真态度。"悟空号"卫星有 7 万多个传感器，每一路传感器都要测粒子入射能量。图 8 为探测器整体性能的一个重要参数，就是本底与信号比，总的来讲，这个数值越小越好，说明探测器能把本底信号压得很低。

日本探测器的水平是 92%，丁肇中教授的 AMS 取得的成果是 90%，而"悟空号"卫星小于 50%。这意味着"悟空号"卫星比其他探测器性能优越将近 1 倍。7 万多个传感器，每一个都要比其他好 1 倍，这是很了不起的事情。

第二是噪声水平。"悟空号"卫星的噪声水平是 0.25，日本探测器的噪声水平是 3。这意味着"悟空号"卫星每一路信号的噪声要比日本探测器小 10 倍，组合在一起肯定会有重大发现。

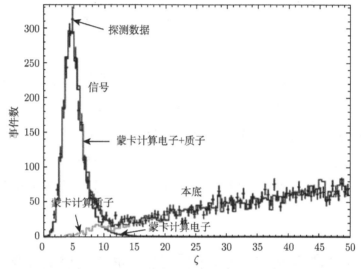

图 8   "悟空号"在进行电子/质子分辨时本底/信号的对比曲线

（三）"悟空号"卫星最新科学成果

"悟空号"卫星到今天为止有多少发现呢？

首先，"悟空号"卫星希望获取 GeV～TeV 能段全天伽马射线天图。银河系的分布是一个盘状，"悟空号"看到的伽马射线绝大部分来自一个盘状结构，所以看到的伽马射线主要来自银河系。我们发表了通过伽马射线谱线去找暗物质的研究成果。现在还不能说找到了伽马射线谱线，只能说"悟空号"卫星 3 年的灵敏度和美国 Fermi 卫星 6 年的灵敏度相当，这意味着"悟空号"卫星灵敏度比 Fermi 卫星好 1 倍。说明我们的探测数据是全世界最灵敏的伽马射线谱线数据。此外，还发现了一些变源、活动星系，脉冲星，超新星等，以及中微子定源。

根据理论计算，低能最多、中等能量次之、高能会越来越小。"悟空号"卫星用 530 天的数据看到宇宙线流量随能量的变化，基本上在 1TeV 以下是缓慢变化；1TeV 时剧烈下降；1.4TeV 时有一个疑似峰状结构，这是不是和暗物质相关，我们还在研究中。到现在为止，已有三四年时间，每年大概发表一百多篇文章，有一百多个科学家通过我们的数据研究暗物质。所发现的宇宙线能谱拐折是第一个重要结果。

第二是质子能谱，虽然日本人抢先发表了相关结果，但是它的动态范围只到 10TeV，而"悟空号"卫星达到 100TeV，所以我们的结果不仅展示了随着能量的增加流量上升的情况，还展示了下降的情况，这是完整的结果（图 9）。这个结果可能对于宇宙线起源、宇宙线传播等都是重要问题。

第三是阿尔法粒子的测量。"悟空号"卫星也观测到能谱上升和下降的情况。这个结果已经被 *Physical Review Letters*（《物理评论快报》）录用，并被列为亮点文章。所以这个结构究竟隐藏着什么物理问题还在研究之中。

"悟空号"卫星发射以后，获得国内外科学家广泛关注。习近平总书记在 2016 年、2017 年两年的新年贺词中都提到了"悟空号"，十九大报告中提到六个科技创新，"悟空号"是科技创

空间探测暗物质粒子

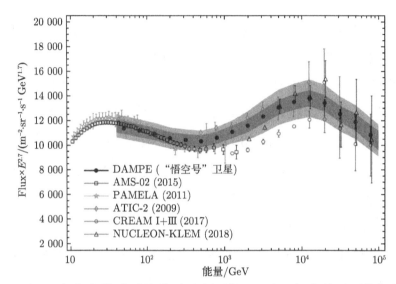

图 9　宇宙高能质子能谱（"悟空号"卫星 2 年半的观测数据）

新代表之一。*Nature* 评述"悟空号"的发射，开启中国空间科学时代。*Science* 评述，"悟空号"的结果表明中国在空间科学方面的崛起。在每两年举办一次的国际空间科学大会，"悟空号"的结果是国际空间科学大会开幕式上的亮点报告，获得国际上的承认。

（四）"悟空号"卫星国内外反响

"悟空号"卫星得到党和国家领导人的高度关注，习近平总书记在新年贺词和十九大报告中均将"悟空号"卫星作为科技创新的例证。

国际上，*Nature* 焦点新闻报道：暗物质探测器开启中国空间科学时代；*Science*新闻报道：中国暗物质空间探测器测量到一个诱人的信号。这些都表明中国在空间科学方面的崛起。

（五）"悟空号"卫星目前状况及未来展望

"悟空号"卫星的设计寿命是 3 年，从 2015 年发射到现在理论上已经到了设计寿命，到现在已经有 5 年多了，"悟空号"卫星还保持着完美状态。探测器的参数都在0.5%的变化范围内。"悟空号"现在还在稳定运行，持续采集、处理、分析数据，希望在最近两到三年之内还能在暗物质探测、宇宙线上有更重大成果发表。

可以说，和世界上其他设备相比，"悟空号"卫星具有最高的观测能段、最高的能量分辨、最强的粒子鉴别本领，达到了世界顶尖水平。

从电磁兼容到电磁安全

中国工程院　苏东林院士

大家都知道，电磁兼容（electromagnetic compatibility，EMC）是一个老话题，所有电子产品都会关注电磁兼容。不管是汽车、手机还是其他电子设备，都需要 3C 认证（中国强制性产品认证），其中有一项关键要求就是电磁兼容。如果一个产品的电磁兼容不合格，就不能获得商品使用许可。那为什么今天还要谈电磁兼容这个问题呢？是因为我们不仅要关注电磁兼容，还要更加关注电磁安全。特别是从国防来讲，当前大国博弈逐渐延伸到电磁空间的博弈，电磁兼容问题会直接引发电磁安全问题。将从以下几方面向大家讲解电磁兼容与电磁安全的重要性。

一、关于电磁兼容的几个问题

（1）工程应用离不开基础研究，基础研究也要直接服务于工程应用。电磁兼容是非常难解决的问题，甚至有"电磁兼容像玄学"的说法。这是因为同样一个被试品，今天看到的现象与明天看到的现象，或者同一时刻在不同方位看到的现象都不一样。这个现象的主要数据来源是开展的电磁发射和电磁敏感性测试，不同情况下就会测出不同的结果。针对以上问题，我们进行了调研走访、系统思考和广泛交流，发现，虽然有这么多的电磁兼容实验室，但仍然存在很多问题没有解决，究竟问题出在哪？我们检测获得的数据是产品真正的电磁兼容性吗？

（2）我们都知道产品的电磁兼容性是设计出来的。那么产品是不是做了很好的电磁兼容设计，或者说真正的电磁兼容设计应该是什么样子？

（3）在调研过程中，我们还发现了一个深层次的问题，即就是电磁兼容领域缺少一个学术的生态环境。这是因为目前高校还没有开设培养电磁兼容领域人才的一级学科，中央机构编制委员会办公室（简称中编办）还没有专门设立电磁兼容研究所。国内更没有与电磁兼容相关的学术期刊，也没有成立电磁兼容学会。电磁兼容其实特别复杂，复杂在哪儿？我经常把电磁兼容和医学相比较，一比较就会感觉到差距。从学科上，医学有病理学、药理学；从研究机构上，医学有大学和各类专业的医院。当医院不从事科学研究、医学研究时，会觉着这个医院的水平就要下降；如果一个医生不能经常见病人，他的医学水平就会下降；医学学生还有一个重要训练，就是尸体解剖，因此，医学有这么庞大的研究队伍。

而目前电磁兼容与医学在各个方面都具有较大的差距。我们面对的电子信息系统是一个多层次复杂的物理和信息网络，小到芯片，大到系统，甚至到整个体系，因此，开展电磁兼容研究是一项非常艰巨的系统工程。

（4）目前我们现有的理念都是国外的，诸如，产品的电磁兼容标准是采用国外的标准，电磁兼容实验室更是按国外实验室的标准建设的，购买的也是国外的设备，甚至我们的实验室是否符合要求，其认证体系和评估体系也是国外的。这意味着不按照国外思路建立的电磁兼容实验室是无效的。这种"模仿""跟跑"的模式导致从一开始开展电磁兼容研究的理念就出了问题。

（5）目前电磁兼容检测实验室存在最大的问题，就是几乎所有的检测都给不出产品的电磁敏感边界。这将导致产品的电磁兼容性能面临着"不知己反被彼知"的风险。由于我们的检测设备是国外的，我们获得的所有电磁检测数据有没有可能已经被别人拿住、拿走？

（6）从表面来看，对于工程师，真正难以解决的问题是产品电磁兼容测试的超标问题。这是因为目前我们对电磁发射测试数据不理解，对数据的产生机理和传递规律缺少认知。我们团队主持的"装备电磁兼容性设计关键技术"项目获得的2018年国家技术发明奖一等奖，其中一个成果就是通过电磁发射的数据可以精准地推导出被试品的关键物理特征和核心物理特征。

二、关于电磁兼容的几点思考

针对上述电磁兼容问题，讲讲我对电磁兼容研究的思考。

实际上，不管军用领域还是民用领域，都会特别关注复杂环境，特别是智能化、网络化的发展趋势，要求我们更加关注环境对网联系统的影响。因此，从一个大的发展脉络来说，一定要跳出传统理念那种只要求实现系统内电磁兼容的认知，这是狭义的电磁兼容。以前的电磁兼容主要关注系统、设备之间的自扰和互扰，即电磁干扰（electromagnetic interference，EMI）。就如同我工作时是否干扰别人，以及别人产生发射工作时是否干扰我。现在我们已经关注到在复杂环境下系统的电磁环境效应，也就是电磁环境适应性。每个产品在电磁频谱、电磁特性方面都存在薄弱环节，也叫易损性，一旦产品的易损性被别人知晓，就成为别人攻击的重点，那么我们就面临电磁安全的问题。

我认为，机械化向信息化、智能化、网络化发展，最终要发展到电磁化，所以称为电磁化不仅是因为信息化、智能化、网络化中要用到电磁信息特性，而且电磁安全也是系统安全的关键的重要指标。我甚至还提出了一个观点，就是"一代电磁兼容、一代信息装备"。

举一个简单例子。在十几年前，对于同频干扰问题，我们一直认为必须分时工作，同时同频是实现不了的。但当我们和国外科研人员交流时，他们通过一个民用的例子就解决了

WiFi 和蓝牙（Bluetooth）的同频干扰问题，采用的方法就是分析它们的频谱特征。WiFi 和蓝牙都是在 2400~2480MHz 这个频段工作，WiFi 一个信道用的频段是 22MHz，因此在 80MHz 范围内，也就是在 2400~2480MHz 这个频段内，它可以同时布置 3 跳，有 3 个信道。蓝牙每个频段是 1MHz，就可以同时布置 79 跳。因此国外研究人员就利用这两个用频装备的频谱特征分析它们在什么情况下能同时工作，最后得出结论，跳速在 3:1 时，蓝牙和 WiFi 可以同时工作。形象地说，就是胖胖的波束跳慢点，快快的波束跳快点，这个现象大家都能理解。有了这样的发现，有对频谱特性的机理研究，又有了这样的装备，它就可以在同一个平台上布设很多个用频设备，同时设备间不会产生电磁干扰。

我们的系统以前都是出了电磁兼容问题，再去解决问题，现在我们要思考未来的电子技术如何发展？如何提前研究电磁兼容？当装备要用这个技术时，我们就可以直面这个问题，给出解决方案。所以从专业的角度，我觉得是时候用"一代电磁兼容、一代信息装备"的理念引领电子信息领域发展。

三、从电磁兼容和电磁安全的关系分析短板问题

电磁安全和电磁兼容有什么关系呢？首先通过电磁兼容与电磁安全的关系分析目前存在的短板问题。

（一）复杂电磁环境和电磁兼容的关系

我们现在都在说复杂电磁环境，其实民用领域也是一样，物联网一定会面临这个问题。那电磁环境和电磁兼容是什么关系？我们经常提到要不断构建复杂的电磁环境，但又面临很大困惑，这个环境真实不真实？环境能不能用？我觉得这里可能要换个角度来思考，不管环境如何复杂，它都要作用于受体，而受体是不变的，耦合通道也是不变的，真正变的环境一定要通过耦合通道作用于受体。能作用于受体的，则视为复杂环境，而不能作用受体，其实和我们没关系。因此我们要换个思维，就是要把复杂环境对产品的影响聚焦到受体研究上。我们现在的研究重点是放弃了对受体的研究，而是转到研究构建环境，这是需要深思的。

（二）电子对抗和电磁兼容的关系

电磁兼容中的电磁干扰和电子战中的电子干扰是有区别的，电磁干扰是"interference"，电子干扰是"jamming"，两者的研究对象、研究方法等方面虽有差异，但它们是强关联、紧耦合的。讨论装备的电磁环境适应性，两者不能割裂开。

（三）电磁环境适应性和电磁兼容的关系

电磁环境适应性和电磁兼容有什么关系？现在更应该关注的是产品是否健康？以图1为例，研究的实际上是怎样给产品装备一个强健的体魄。比如，电子对抗可以致敌于死地，是一个过人的技能，但是如果没有强健的身体，你在战场上或使用场景内都站不起来，立不起来，那你可能就发挥不了过人的本领，失去了优势条件。为什么说电子对抗是过人技能？现在遇到同频干扰一定分时工作；遇到相互不兼容的问题，一定是闭锁工作；还存在很多敏感性不自知的问题。所以说产品"严重亚健康"或者是"老弱病残"，如果不能同时工作，势必造成对整个性能的影响，而这种问题现在特别突出。

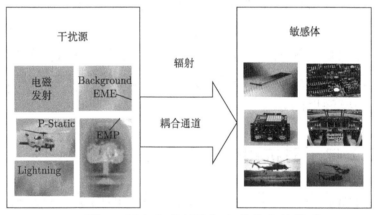

图1　复杂电磁环境与电磁兼容的关系

　　要想在电磁频谱空间有制衡能力，绝对不能忽视电磁兼容，装备的健康很重要，因此电磁兼容性是电磁环境适应性的一个重要基础。

（四）短板问题的分析

　　基于以上分析，电磁兼容研究的短板问题如下：是否了解电磁兼容本质，是否掌握电磁兼容基本方法学，是否凝练出电磁兼容领域的科学问题，是否掌握电磁兼容的作用规律？

基于麦克斯韦方程的角度去思考，发现一个问题，就是电磁兼容研究也应该像散射研究一样，先做基础研究。现在天线也好，电磁散射计算也好，都能做到预测，可唯有电磁兼容很难预测，普遍来讲根本不能预测。一个系统，甚至包括笔记本、话筒这样的小系统，目前都无法给出其电磁反射（emission）数据，却很容易地给出一个金属体的电磁散射数据，这说明电磁兼容的基础研究没有夯实。

在产品研制中还有一个实际情况，就是成品的状态固化在前，而系统的状态固化在后。例如，一个飞机上的成品全部检测完，仍然无法预测它们的发射。所以可以得出结论，电磁兼容仍有很多机理性的问题需要深入研究，这已经成为电子产品设计的重要短板问题。

四、电磁兼容

（一）电磁兼容的定义

首先介绍对电磁兼容的认识，现在标准里对电磁兼容的定义要更新了。原来对电磁兼容的认识是一种和谐共存的状态，不博弈、不对抗，但是现在很多产品都处于博弈的状态，包括民品也有对频谱优先抢用的博弈竞争问题。因此，我认为电磁兼容性的定义应该为"所有使用电磁频谱工作的系统、装置和装备的一种能力。这种能力在保证它们在既定的工作条件下，不因电磁发射或响应而造成不能接受的或者未预知的性能降级"。因此，我觉得这里电磁兼容定义有三个核心点：第一，这是必备的一个性能；第二，要知道在什么环境下工作，对环境首先做预测，要作为产品设计的输入；第三，设计要留有边界，确保系统具备稳健性，也叫鲁棒性。

（二）电磁兼容的本质

1. 电磁干扰是固有属性

电磁干扰是产品的固有属性。为了说明这一点，要区分电磁发射、电磁干扰和电磁兼容性三者的关系。首先来看国家军用标准《系统电磁兼容性要求》（GJB 1389A），是基于美国军用标准 MIL-STD-464 制定的。该标准中有一个系统级电磁兼容要求（或系统级电磁环境适应性要求），这个系统级电磁兼容要求就出现了两个要求：一是系统的 EMC（电磁兼容），二是设备分系统的 EMI（电磁干扰）。如果认为 EMC 包含 EMI 和 EMS（electromagnetic susceptibility，电磁敏感性），是错误的。正确的理解是，EMI 包含电磁发射（emission）和电磁敏感（susceptibility），一个是发射，一个是敏感。然后 EMC 对 EMI 的这两项提出要求，即多个设备共同工作时，每个设备都不能产生干扰其他设备的电磁发射，每个设备还能在其他设备有电磁发射的环境下工作。

以图 2 为例， EMI 包含电磁发射（emission）和电磁敏感（susceptibility），EMC 就一定有限制要求，所以现在我们很多的产品电磁兼容不合格，其实是理解上的错误才会导致很多问题。这也带来一个深层次问题，限制该怎么提？通过图 2，还想提示大家，除了能厘清 EMI 和 EMC 的关系之外，还有一个很重要的需要，就是对电磁敏感性的测试，图 2 中的凹面说明设备出现电磁敏感，但没有敏感剖面。所以现在采用的标准，虽然理论上能测电磁敏感性，而实际上根本不具有可操作性，电磁敏感性无法测出。

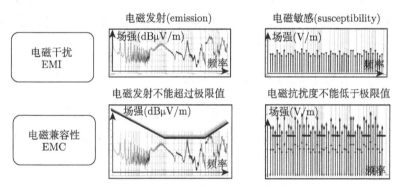

图 2　电磁干扰与电磁兼容的关系

所以,还有很多深层次的机理需要研究。区分 EMI 和 EMC 有什么意义呢？意义就在于认识电磁干扰是产品的固有属性。有了这种认知就回答了一个问题，电磁兼容不是玄学，不是不可解决的。既然电磁干扰是产品的固有属性，就一定能被认知，只是之前我们没有关注一些深层次的原理。

既然 EMI 是产品的固有属性，它和什么相关？我们经过二十多年的研究，得到的结论是，EMI 与产品的设计原理、结构布局工艺、加载条件相关。其中，产品的设计原理是与电路中的激励源和非线性模块特性、电路板布局、电路板上各部分之间匹配特性等属性相关。

EMI 和产品的电气设计原理有关，其属性构成关系无论是向下到分系统设备、电路板和器件，还是向上推广到系统间以及系统与电磁环境都是适用的。比如，大的电子系统平台编队在工作时产生的干扰，如果不研究清楚原因，平台的协同就出现问题。如果不提前关注每个组成编队的平台特性，实时感知的难度将会更大，所以一定要基于大量先验知识开展普适性的电磁兼容性设计与预测。

2. 电磁干扰固有属性的表征

既然电磁干扰是产品的固有属性，那么物理上一定能表征，而且一定要从数学角度表征，这样对这个问题的认识才有望深入。

（1）电磁干扰如何产生和演化

我们之所以一直没有深层次挖掘电磁干扰的基础性问题，是因为受到已经熟知近百年的电磁兼容三要素（干扰源、耦合通道、敏感体）思维的限制。一旦产品出现受扰问题，排查电磁干扰源很难，消除敏感体很难，所以大多数都在耦合路径上做工作，在成品层面、设备层面开展滤波、接地或屏蔽。经过滤波，电磁干扰可以得到改善。但是如果只在成品层面用电磁兼容三要素的思想进行工作，实际上是没有办法真正认识一个产品出现电磁兼容问题的本质。

参考医学中的人体解剖，我们就借鉴这个方法对电磁干扰进行解剖。首先以电磁发射为例，为什么这个电磁发射就是这个构件，这一直是困扰大家的问题。一个电子平台由很多成品构成，往下解剖可见成品中有很多个电路板，再往下解剖，电路板上有很多器件，最终我们发现，其实这个电磁发射是由器件构成的。实际上我们看到的这个过程是基本的激励源，通过这种线性、非线性不断地演化进而变成复杂的频谱图形。为什么会产生变幻莫测的频谱，要真正解开这个谜底，就要去研究这些带宽有限、信号形式明确的激励源和电磁发射之间的演化和反演问题。我们团队的研究成果就成功预测了电路的电磁发射，预测出在一定噪声上的所有频谱，并且从这个测试数据可以反演出是哪一个激励源产生的电磁干扰。

（2）理论和方法上的突破：电磁干扰要素集

我们经过研究提出了"电磁干扰要素集"的理论方法。目前我们解析常见的大型装备的激励源主要可以概括成三类：模拟类、数字类和脉冲类。激励源到电磁发射的演化过程中用到失配类要素。现在可以用四维张量空间把激励源和外部电磁发射建立数学关联，然后用一系列物理量进行表征。在物理过程中体现为一旦有设备受扰，如果干扰源来自内部，干扰信号一定会体现在它的电磁发射场或者传导信号中，我们获取的电磁发射数据，也就是外部发射，一定含有干扰源的固有特征。识别固有特征时为什么没有采用正弦函数、余弦函数展开，其目的就是要让干扰源的固有特征与产品的固有特征相关联。而且固有特征因为是物理层面上的，一旦形成就不会变化，便于后续不断地训练、学习、认知。

找到的固有特征一定在传导过程中，如果在外面空间场获得固有特征，则说明有泄漏点，但核心是找干扰源的固有特征。通过对一个电磁超标问题进行干扰源定位，精准地识别出超标的源特征频率是 13.2kHz，同时还识别出一个转折点，这个转折点决定了干扰源产生干扰时会产生的频带宽度。最后识别出该干扰源是一个 PWM 的控制芯片，对其进行有效抑制，从而干扰问题得以成功解决。

运用"电磁干扰要素集"方法解决系统干扰，特别是大型装备出现的控制系统受扰问题，具有显著的优势。控制系统的调制方式越复杂，特征越明显，"电磁干扰要素集"方法越好识别，干扰问题从源头上解决效果非常好。那么干扰如何表征？以前是采用电磁兼容三要素表征，现在用"电磁干扰要素集"表征，当然这方面研究还在不断深入。

（3）如何理解电磁兼容问题整改

现在的电磁兼容问题整改对简单的系统是有效的，但是在物理层面上，如果从能量守恒角度考虑，其实只是把矛盾掩盖了，并没有真正从根本上解决问题，而只是在成品层面解决问题。应该基于对干扰物理规律掌握的角度进行精准地控制，让产品具有良好的电磁兼容性和电磁环境适应性，所以加强电磁兼容的基础理论研究非常重要。

如何使一个产品具有好的电磁兼容性呢？应该通过正向设计。正向设计是一个很庞杂的过程，现在强调基于模型的系统工程，就是把使用环境、使用场景、使用工况都作为设计输入。

五、电磁安全

（一）电磁安全的定义

通过多年的研究，我们形成了电磁安全的定义：人员、系统和设施能够在电磁空间中正常使用电磁资源，不因自身和工作诱导环境以及人为电磁环境受到威胁，没有危险、危害或损失，并免除不可接受的损害风险。

（二）电磁兼容引发的电磁安全问题必将成为信息化下的战略性问题

为什么要关注电磁安全呢？或者说为什么要从电磁兼容上升到电磁安全？是因为现在信息化甚至智能化发展需要采用电磁将陆海空天网连为一体，可以说电磁成为国家利益的一个重要的载体。国家利益在哪，电磁安全问题就会延伸到哪。

（三）电磁兼容和电磁安全问题日益严峻

目前电磁兼容和电磁安全问题日益严峻。从信息化的发展来讲，传感器、芯片、集成电路、网络定位和数据处理是必需的，它们是实现信息化的重要载体，但同时又成为电磁兼容致伤、致损的重要通道或重要原因。因此，电磁兼容和电磁安全问题将事关信息化和智能化发展的成败。

例如，我们团队在国家重大科学仪器项目支持下承担的一个研究项目。由于时域特性关注得比较少，现在的电磁敏感性测试全部使用占空比为50%的连续波作为信号源。但实际上随着芯片尺寸的小型化和集成化，尤其当芯片尺寸下降到10纳米时，芯片的噪声电压余量呈数量级下降，信号量级将会变得非常非常小，以至于非常微弱的时域干扰信号就可以对芯片产生干扰。

根据国外的一个资料，非常微弱的信号就可以使此前的286操作系统和386操作系统产生电磁敏感现象，现在信号传输速率和集成度已经大大提高，那么器件的电磁敏感阈值将进一步下降。而且，芯片在电磁边界是开放的，所以电磁场就很容易渗透进去引发电磁敏感。2008年，我们团队在国家自然科学基金的资助下研制了一套时域敏感性测试系统，提出了多频测试解决方案。因为国家军用标准（GJB 151B）和美国国家标准使用的测试系统都是单频测试系统，我们提出的多频测试解决方案就成功地复现了很多大系统的电磁敏感性问题。但是我们觉得多频不够，又在国家重大科学仪器专项资助下，从2014年开始研究时域敏感性测试系统。使用时域、高速脉冲、可调高速脉冲等信号源进行测试，发现现在大量使用的数字系统（包括DSP、控制系统等）都特别容易受到多频时域信号源干扰。在时域信号激励下，低于标准两个数量级的干扰信号就能很轻易地激发敏感。如果再配合"电磁干扰要素集"思想，诊断出它的物理特征，进一步提高干扰效率。因此，随着智能化、模块化、高度集成化的发展，敏感性引发的电磁安全问题已经刻不容缓，实际上已经成为现实问题。根据我们的研究案例判断，电子信息系统如果出现的问题是和控制相关，无论是导致飞机的疲劳，还是导致发动机空中断油，最终根本都是电磁兼容问题。所以只要涉及控制系统，都要考虑会不会与电磁兼容问题相关。

另一个是与器件老化相关的电磁兼容问题。当器件使用一段时间出现老化现象时，器件的功能可能没有明显下降，但抗电磁干扰能力可能下降几十分贝，那么这个器件就不再适合原来的工作环境，否则会出现问题。这些都是需要解决的新问题，而且刻不容缓。但实际上很多产品一旦交付给用户，就不再关注器件的老化问题，这个是我们要思考的问题。因为现在有太多这样的案例。

六、总结与建议

（一）建立电磁兼容与电磁安全一级学科（人才培养是关键）

电磁兼容需要建立专门的人才培养模式。应该把电磁兼容当成是在新质作战或新质科技发展条件下的战略科技力量布局。

在航空航天领域，电磁兼容和飞机主机、发动机、材料、机电、雷达、电子等专业都相关。所以电磁兼容和电磁安全是一个交叉学科，因此，建议在交叉学科中建立一个电磁安全一级学科，培养专业人才。

（二）加大电磁兼容与电磁安全基础问题研究

基础研究是根本，电磁兼容与电磁安全领域非常需要加强基础性的研究。加强战略统筹和技术牵引，摆脱电磁兼容领域科研及标准的"跟跑现象"，建立"一代电磁兼容，一代信息装备"理念，制定电磁安全领域技术体系，设立专门从事电磁安全基础研究的科研机构。

（三）规划电磁兼容与电磁安全基础研究重大设施布局

无论是人才培养还是基础研究，都需要相应的科学装置，因为现有的装置很难看到电磁兼容领域的现象和本质科学问题。另外，还需提高我国电磁兼容和电磁安全核心软、硬件产品的研发能力，提高自主可控水平。

所以，我认为：电磁兼容、电磁安全是国家战略性方向，战略规划是关键，解决电磁兼容人才培养、基础研究和自主可控等短板问题已刻不容缓。

奋进新时代，开启新征程 攀登航天科技新高峰

中国科学院　赵淳生院士

尊敬的各位领导，各位青年科学家，亲爱的老师们，同学们，大家上午好！今天很高兴跟大家座谈，分享一些经验。在我80岁前后，著名作家、《南京航空航天大学报》主编于媚教授花了5年时间，撰写了一本《从放牛娃到院士》，也属于南京航空航天大学文化建设系列丛书中的一本，描写了我这一生的奋斗历程。今天我把这本书赠送给宇航学会和本次学术沙龙的召集人，请提出宝贵意见！

一、引　言

航天是我们国家的骄傲、科学研究的标杆。图1是超声电机在"嫦娥三号""嫦娥四号""嫦娥五号"卫星上的应用，这些卫星上都安装有我们团队研发的超声电机。超声电机最关键的考验是环境温度。在"嫦娥五号"卫星中的使用温度区间为−55℃至120℃。"嫦娥四号"着陆器和"玉兔二号"月球车巡

视器已经进入 29 个月昼夜工作期，在月球背面度过了 825 个地球日，"玉兔二号"月球车巡视器已经行走了约 682.8 米。为此，南京航空航天大学机械结构力学及控制国家重点实验室荣获"探月工程嫦娥四号任务突出贡献单位"称号，探月工程重大专项领导小组办公室给南京航空航天大学写了感谢信（图2）。

嫦娥三号　　　　　　　嫦娥四号　　　　　　　嫦娥五号

图 1　超声电机在"嫦娥三号""嫦娥四号""嫦娥五号"卫星上的应用

图 2　被授予的称号和感谢信

"墨子号"卫星上也安装有超声电机。我曾亲自到"嫦娥五号"卫星发射现场，心情非常激动，航天人都是充满信心，一切都非常可靠，保证成功发射，真不简单！我在现场看到的景象非常雄伟。"行云二号"的 01、02 号卫星激光通信采用了南京航空航天大学首创的"四超一特"超声电机。激光通信装置上安装了 2 个超声电机，去掉外壳后总质量共有 400 多克。因为卫星以 7.8 千米/秒的速度运行，在这样高速的动态情况下，要把很小的两束光对准，并且实现双向通信，技术难度非常大。这是第一次使用"四超一特"超声电机，并于 2020 年 5 月 12 日试验成功。该款超声电机可以达到万分之一度的超高精度、1 转/24 小时的超低转速（可以和地球同步）、1% 的超高转速稳定性和 0.1 毫秒的超快响应（从正转到反转只需要 100 微秒，甚至 50 微秒）。图 3 是世界上最大的、空心式行波旋转超声电机，外径为 120 毫米，内径为 72 毫米。这就是我们团队花了 3 年时间首创的，并和上海光学精密机械研究所合作试验成功，这是一个很不容易的重大突破。为此上海光学精密机械研究所的党委书记亲自向我们团队表示感谢，并写了感谢信。

图 3 研发的"四超一特"超声电机，并在"行云二号"卫星上成功应用

二、超声电机的原理和特点

传统电机是依靠电磁效应，而超声电机主要依靠逆压电效应和超声振动。超声电机的原理就是利用压电陶瓷引起定子振

动，然后工作在超声频率 20 千赫兹以上，依据定子和转子间的摩擦传动，将定子振动转化为转子（动子）旋转（直线）运动。从外形上看，超声电机和电磁电机没有什么不同，但是内部结构不太一样。超声电机有所谓的转子，转子上贴有摩擦材料，还有所谓的定子，其背面贴有压电材料，把这些部件组装起来就是超声电机，如图 4 所示。

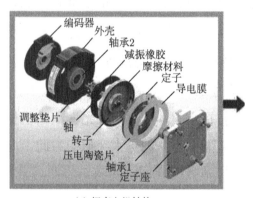

(a) 超声电机结构

(b) 超声电机装配

图 4　超声电机结构图

由图 4 可知：超声电机既没有磁场，也没有线胞，是如何运转？超声电机是靠逆压电效应和摩擦传动，具有很多优点：扭矩/重量比大，为电磁电机的 3~5 倍；不需要减速齿轮箱，就能实现低速大扭矩；不需要涡轮蜗杆，就能断电自锁；电磁兼容性好；噪声小；形状多样化（有圆形、方形、圆环形和圆柱形等）。我们又进一步发挥超声电机的其他优点，比如，可以在真空和高、低温下工作；电磁电机可承受的过载大概在 300 克以上就要采取缓冲措施，而超声电机开始可以实现 3000 克的过载，经过优化设计后能达到 10000 克，最高可以达到 18000 克，也就是说，超声电机具有高过载的承受能力。无论卫星也好，还是激光通信也好，要求转速都非常不慢，如转速为 1 转/分钟。为了降低转速，我们花了很多精力攻克难关；超高位置分辨率可以达到 0.1″，超高位置精度 1″。这些参数指标都是激光通信、量子通信要求的。有了这样的参数指标，我们就要去研制新的超声电机。一开始还是相当难的，现在采取了一些新的控制办法，问题就解决了！因为超声电机是靠摩擦驱动，一断电就马上停止；启动也很快，通过我们团队的努力，正转到反转时间为 100~50 微秒。这个超声电机在控制领域使用是一个标杆，是一个颠覆。当然超声电机也有一些缺点，这些缺点也正是我们需要不断改进的。超声电机功率小，目前能做到 50 瓦，最大为 100 瓦；寿命比较短，正常运转，比如 100~300 转/分钟，工作寿命最多为 10000 小时或者 15000 小时。如果转速不高（如每 24 小时 1 转），卫星要求转速都很低，其工作寿命可以很长。因为超声电机主要靠磨损，磨损的积累时间随着转速降低就小，所以，其寿命可达到 10 年、20 年。

三、超声电机的发展及其在航天、武器等装备上的应用

超声电机是从 1948 年开始的，但是到 20 世纪 90 年代，各个国家才开始研究，在 2005 年成立了一个定期的国际研讨会——压电材料及其在作动器上的应用(IWPMA)，每年举办一次，各国轮流举办，目前该国际研讨会已经举办 16 次，中国举办了 2 次，2020 年要在中国举办，因受新型冠状病毒肺炎疫情影响，一直推迟举行。目前超声电机主要运用于航空航天、武器、机器人、生物医学工程、家用电器以及其他高端装备（图 5），

图 5 超声电机国际上高端应用

最早是美国用到火星探测器上，在"好奇号"火星探测器上采用直线型超声电机，用作激光调节平台，利用这个激光调节平台首次获取火星岩石样本。

四、人生感悟：奋斗、创新、合作、诚信、坚持

1993 年我听了关于美国超声电机的报告，觉得非常有用，所以一直坚持研究超声电机，坚持了近三十年，这期间，没有干其他事情，这是一个艰辛的过程。下面就跟大家分享一下这个历程。

（一）爱国

对于每一个中国人，爱国是本分，也是职责，是心之所系、情之所归。对于新时代的青年，热爱祖国是立身之本、成才之基。当代中国，爱国主义的本质就是坚持爱国、爱党和爱社会主义的高度统一。以前我们国家贫穷落后，现在我们国家要发展。天下兴亡，匹夫有责。旧社会时的我，十一二岁，目睹老百姓生活贫苦，包括我自己。国民党当兵的不发工资，到处搜刮老百姓财产。旧社会老百姓是受欺压的，同时还受日本帝国主义的侵略和欺负。这次新型冠状病毒肺炎疫情，中国做得这么好，所以中国人一定要强大，一定要研制自主知识产权的产

品，这样我们才不受欺侮，子子孙孙后代才会幸福。我亲眼看到了共产党领导人民如何彻底摆脱贫困，国家进步。我也是随着国家的进步得到了培养。1949 年全国解放，1951 年土改，之后我就进入学校学习。我在 1956 年进入南京航空学院，之后到法国学习，又到美国学习，整个学习的过程都是国家培养的，所以我一直有个信念：一定要为祖国服务。因为我动手能力强，法国一个公司想挽留我工作，但我坚决要回国。1984 年 4 月 25 日答辩完，5 月 1 日我回到北京！我在麻省理工学院航空航天系研究超声电机，最大的心愿就是为自己的国家服务。在美国，我研究超声电机一年后，我觉得我可以通过自己的努力发展自己国家的超声电机，所以我要回国。尽管当时美国给我每个月 2000 美金的补贴，而且家人也都在美国，但是我不愿过舒适的生活，还是一个人回来了，研制自己国家的超声电机。

（二）奋斗

习主席有很多金句："幸福是奋斗出来的，奋斗本身就是一种幸福。只要有坚定的理想信念，不懈的奋斗精神，脚踏实地把每一件平凡事做好，一切平凡的人都可以获得不平凡的人生，一切平凡的工作都可以创造不平凡的成就。"我是在农村出生，一岁多父亲参加革命牺牲了，母亲在我九岁时也去世了，只有祖母抚养我，祖母只认识"天下为公"几个大字。我只有靠自己的努力奋斗，从初中开始，就一直得到助学金，受到国家培养，所以我非常努力，成绩也一直很好。华罗庚说过，天才在于积累，聪明在于勤奋。别人起床的时候，我已经学习 4 小时了。我出生于农村，从小无人教我，脑子也不聪明，但我很勤奋，别人学一遍可以学懂，我学十遍也要学懂，从来没有星期天和寒暑假。凭借着这种勤奋，党和国家的培养，老师们的教育，我才取得这点成绩。

（三）创新

奋斗过程中要创新，若要赶上别人，不创新是行不通的。习主席也有很多金句，"中华民族奋斗的基点是自力更生，攀登世界科技高峰的必由之路是自主创新。中国要强盛、要复兴，就一定要大力发展科学技术，关键核心技术是要不来、买不来、讨不来的。"对此我深有体会。日本的超声电机做得很好，我去日本好几次。当我问他们会不会到中国开公司的时候，他们指着墙上的地图回答是：我们国家这么小，你们国家那么大，如果技术都给你们了，那我们吃什么呢？2006 年日本曾展出一个应用在航空上的超声电机，我看那个超声电机特别厚，就好奇这里面到底装的什么东西啊。当时的价格是 4 万元人民币，我当时要掏钱买，他说不卖给中国人。后来是通过在日本的留学生买下来，寄到美国我女婿那里，再寄回中国。打开一看，里面就是两个电机串联起来，相当于装了两个超声电机在真空达到一个超声电机的性能。所以，习主席说中国要强盛，要自己大力发展科学技术。1962~1981 年是我在飞机结构动力实验室担任实验室主任的 20 年，那时候做实验、做设备，没有便捷的通信方式，不知道别人研究什么。有一次我到北京航空航天大学看到一个机翼振动实验，激振器把机翼振得咚咚响。我询问这是什么东西啊，有在场的老师说是电动式激振器，是进口的，不让摸，也不让看。那时候进口的东西很宝贵，他把说明书借给我看了看，说明书都是英文的，当时还没有复印机、照相机和手机，我就逐字逐句地将说明书抄下来带回来研究。后来我就研制了五个系列的电动式激振器，获了奖，并申请了专利，当时全国好多单位包括航天 702 所都应用了我们研制的超声电机做长征号火箭的模态试验、做了"歼-8"的地面共振试验，南京航空航天大学的无人直升机也用这个设备做了振动试验。1992 年，我去美国做访问教授，听了一场报告后就决定开始研究超声电机。超声电机是基于振动原理，这项技术将对我们国家的航空航天、国防很有用。1994 年我准备回国，家里人不同意，但我还是坚持回来，带着几大箱资料从波士顿到香港，再到南京。回国以后刚开始什么也没有。我去美国前已经是教授了，但是，做项目资金都用完了，我就从系里借了 1.5万元，负债经营，买了一台台式的计算机和一台简易打印机，4 个人（我、一个博士后、一个博士生、一个硕士研究生），在一个 20 平方米的房子里，既是办公室又是工作室，就干起来了。夜以继日地4个人不停地计算。不到一年，我们的超声电机就转动起来了！1996年，我们就成立了超声电机课题组。几番周折，我们有了一些国家自然科学基金面上项目。2000年，江苏省发改委批准我们成立了"江苏省超声电机工程中心"，给了200万元的资金资助，购买了很多设备。但就在这个时候，我检查出肺癌，心里非常不好受，一个晚上没有睡觉，第二天我还要出差，在上海出了两个礼拜的差，回来到军区总院检查，医生说肯定要做手术。1994~2000年，我一个人在家，里里外外都靠自己，中午到食堂吃饭，剩下来的饭菜留到晚上再吃，周六、周日自己煮一锅汤，就这样一周混过去。经常工作到凌晨两三点，甚至有时候到天亮，就这样度过了六年时间，因此，我的身体免疫力大大下降，癌症也悄然而至，四个月内我动了两次手术。身体稍微好一点后就又开始工作，一边化疗，一边写专利，还给20多个学生批改论文，就这样坚持了一年。到了2001年年底，化疗结束后，学生把我抬回家。2002年5月，我开始上班，为了节省体力，节约时间，我让学生把设备搬回家，我和学生一起调试，并争取时间报奖。几个月后，我们的成果荣获国防科技进步奖一等奖。2004年，又荣获国家技术发明奖二等奖，加上之前的一些奖项，2005年我就被评上科学院院士。经过这些年的努力，建立了国家重点实验室。总共经过了近30年，超声电机能够应用，有很多艰辛的努力。我们团队完成了2项国家973计划项目，1项863计划项目，3项国家自然科学基金重点项目，45项国家自然科学基金项目面上/青年项目以及1项江苏省重大科技成果转化项目。我要求每个硕士生、博士生、博士后毕业时把他们自己研究的内容整理出来，最后我们出版了这部经典学术著作《超声电机技术与应用》。这本书90%以上的内容都是我们自己的研究成果。《超声电机技术与应用》在全世界发行，定价为98元，2017年亚马逊网站上售价为1090美元，2018年售价达到1136美元。2017年我们完成了超声电机军用技术标准的制定工作。2018年又草拟了超声电机技术国家标准，在微电机国家标准制定委员会的指导下，完成了我国首部超声电机技术国家标准制定工作（图6），并于2020年10月正式实施执行。

图6　制定超声电机技术国家标准

（四）合作

习主席说，一花独放不是春，百花齐放春满园。只有合作共赢才能办大事、办好事、办长久之事。所以要建立团队，把团队团结起来，大家一起干事。美国人就有这个特点，像谷歌这些公司的同事联系非常紧密，他们毕业之后很快合办公司。我们要向他们学习这种团结的精神。经过这么多年的奋斗，我建立了一个 24 人的团队，有教授、长江学者；有做控制的、做结构设计的、做材料的，还有做电力电子的，人才很全面。我们建立了 5 个研究平台，有了人力和设备的建设，同时成立了 2 个公司，其中南京航达超控科技有限公司是做超声电机的，南京思来机器有限公司是为超声电机做智能检测的。我们还积极参加国内外学术交流，2007 年在南京航空航天大学举办超声电机会议，2014 年在苏州举办压电材料及其在作动器上的应用(IWPMA)国际会议。在这次国际会议上，我获得到两个奖（图7）：一是压电超声电机领域的终生成就奖，是因为《超声电机技术与应用》成为压电超声电机领域的经典图书，同时我们研制的超声电机质量非常高，虽然数量上没有日本多，但是在月球上经历了严峻环境的考验。原来我们国家好多医疗设备都购买日本的，所以我们要下定决心坚持研究，有困难就一个一个解决。二是美国美国弗吉尼亚理工大学（Virginia Tech.）的能量收集中心（CEHMS）给我颁发的超声电机技术领域内杰出贡献奖。另外，我们还建立了"111"引智基地，引入国外专家的定期交流，吸收国外的信息很重要。

● IWPMA颁给赵淳生：压电超声电机领域的终生成就奖；
● 美国Virginia Tech.的CEHMS颁给赵淳生：超声电机技术领域内杰出贡献奖

图7　在压电材料及其在作动器上的应用(IWPMA)国际会议上获奖

（五）诚信

中华文化强调"言必行，行必果"。人与人交往要诚信，国与国相处也要讲诚信。以前有个中北大学的硕士生申请做我的博士生，他很努力也很聪明，后来做了教授、博导，当了副所长，专管科研工作。2013年开始，我委托他作为××重大项目负责人。在这项目组经过三年奋战成功之后，他私自到山东烟台，把我们的研究成果和一个香港老板合作，研究芯片的同时又开新公司，研制超声电机。他私自中断我们的合同，把合同转入他的公司。后来他受到党内严重警告和行政处分，离开了我们的研究所。所以年轻的科学家们一定要注意你们的同伴、合作人是不是真正和你合作，是不是诚信。另外，开公司也是一样，我开过三次公司都失败了。本来我想把技术真正用到生产上，但是由于社会上合作人的不诚信，他们只是利用我的名誉、地位申请资金和土地。2006 年我刚刚评为科学院院士后，就有公司要和我合作，将成果产业化，我求之不得！于是合作公司拿了我们的专利，给了 40 万元，签了 15 年的合同，承诺前三年给我们 3% 的销售额，后 12 年给我们 1% 的销售额，成果共享。结果他没有做到，我们把该公司告上法庭。由于我们没有证据证明对方公司获取我们的技术资料、元器件、样机、软件和试验系统(因为收条上未签字)，最后不得不不了了之。所以我们现在不敢再与公司合作，而是主要通过国家课题资助进行研发。为此，我还写了一篇《大力弘扬中华民族传统美德——诚信》文章（图 8）。

图 8　作为《中国发明与专利》期刊的封面人物，
在其期刊上发表的文章

（六）坚持

人生当中会遇到很多困难，比如我当时去法国留学前一个月，一个突如其来的灾难降临到我的家庭，我的小女儿因车祸丧命，全家都处于万分悲痛之中。这时候我是去还是留，当时很多人劝我，既然事情已经发生了，就不要出国了。后来我痛定思痛，人死不能复生，我和爱人还是坚持出国。我两次患癌，朋友们、老师们都非常关心，问我是要生命还是超声电机，我说两者都要。就这样我在病床上坚持工作，把仪器搬到家里做试验，如果不坚持下来，就没有这些成果。超声电机技术的国家 973 计划项目，坚持申请 5 次才成功，我们团队经过 4 年的努力，取得令人可喜的成果，最后总评为优秀。我们现在也在追逐超声电机产业化的中国梦，把产品用到各个方面。我至今认为比院士头衔更自豪的是成果产业化。在这个过程中，我们建立了高新技术军民融合创新平台，有了武器装备科研生产单位保密资格证书。我们现在正在研发超声电机智能装配与检测生产线，一定会迎来超声电机产业化的春天。

我已是耄耋之年，可以过晚年生活，但我说，不，生命不息，奋斗不止，我还要奋斗。约翰·古迪纳夫（John Goodenough）64 岁不想退休，跳槽到牛津大学研究化学，在 97 岁获得诺贝尔化学奖。所以不能说年纪大了就不干工作。东北大学闻邦椿院士 90 岁完成了 100 部专著。90 岁高龄的清华大学温诗铸院士也还在坚持科研工作。有人说，我们已经制定了超声电机技术国家标准，没有可研究和创新的内容了，但我说，错了，任何一项科研工作都是无止境的。我要开启新征程，继续研究超声电机在航天领域中的应用，争取攀登新高峰，更好地为航空航天服务，继续研究超声电机在机载激光武器、智能化弹药、智能无人机、无人直升机、战略导弹、蜂群智能型飞机、智能化坦克和核武器装备上的应用。

五、结 束 语

人生的道路是曲折而漫长的，充满着成功与失败、顺境与逆境、幸福与痛苦，遇到挫折怎么办？不要失去信心，只要坚持不懈，就会成功！就会胜利！人活到老学到老，我已是耄耋之年，我决心：生命不息，奋斗不止，坚持不懈，追逐超声电机的中国梦，为航天工程贡献出我的全部力量！在座的航天领域专家、青年科学家、老师们、同学们，你们正处于伟大新时代，你们是航天事业发展的中坚力量！习主席教导我们："广大青年要肩负历史使命，坚定前进信心，立大志、明大德、成大才、担大任，努力成为堪当民族复兴重任的时代新人，让青春在为祖国、为民族、为人民、为人类的不懈奋斗中绽放绚丽之花。"我期待大家奋进新时代，开启新征程，攀登航天科技新高峰！祝你们成功，实现你们的梦想！

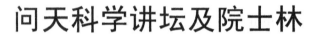

问天科学讲坛及院士林

单忠德

| | 2 |
| 1 | 3 |

1. 单忠德院士与手植

2. 单忠德院士与各位院士和学生在院士林合影

3. 单忠德院士（左一）与郑纬民院士（中）

　在院士林合影

郭万林

1. 郭万林院士在院士林向学生赠送《问天科学》

2. 郭万林院士"问天科学讲坛"报告

3. 郭万林院士（中）报告后合影

刘大响

1. 刘大响院士"问天科学讲坛"报告

2. 刘大响院士与手植

3. 刘大响院士（后排中）在院士林合影

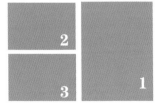

叶培建

1. 叶培建院士"问天科学讲坛"报告

2. 叶培建院士获"人民科学家"国家荣誉称号

3. 叶培建院士（左四）报告后合影

樊邦奎

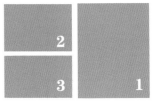

柴天佑

1. 柴天佑院士"问天科学讲坛"报告

2. 柴天佑院士与手植

3. 柴天佑院士（中）在院士林合影

郑纬民

1. 郑纬民院士与手植

2. 郑纬民院士（左三）"问天科学讲坛"报告后合影

3. 郑纬民院士（后排中）在院士林合影

常进

1. 常进院士与手植

2. 常进院士"问天科学讲坛"报告

3. 常进院士（前排中）在院士林合影

苏东林

1. 苏东林院士与手植

2. 苏东林院士"问天科学讲坛"报告

3. 苏东林院士（后排中）在院士林合影

赵淳生

1. 赵淳生院士获"2021年最美科技工作者"

2. 赵淳生院士与单忠德院士在院士林向学生

   寄语赠书

3. 赵淳生院士与学生们为手植培土